誰說一定要整理

整理師教你從減量到空間收納，
讓物品好收好拿、生活更輕鬆舒心。

于之琳——著

It doesn't matter if you don't tidy it up

🌱 初學者與新手整理師的大福音

過去三年多，有近三千人上過我的線上整理課。多數學生提出來的問題都很雷同：家裡很亂，應該從哪裡開始整理？東西爆多，要如何決定物品的去留？小孩到處亂扔玩具很不受控怎麼辦？捨不得丟怎麼辦？才整理完家人又馬上弄亂怎麼辦？我應該找整理師來協助我嗎？……等等問題。

回覆以上問題是我的日常，相信有點資歷的整理師都遭遇過這類場景超過百次。之琳有豐富的委託人案場實務經驗，又連續數年開設整理師培訓課程，這次願意集結一百個她最常被問到的問題，並將中肯的答案寫成書，對許多整理小白甚至新手整理師而言，都是一大福音，因為這本書在很大程度上化解了多數人的相關疑難，亦為初入行整理師提供了面對客戶時實際可行的應答範例。我會將它列在給學生的建議書單裡，在此也誠心地推薦給大家。

Phyllis 零雜物室內設計師

🌱 空間與物品到心法整理一本解答

與之琳相識多年，很高興看到她在這行業中持續努力，不僅至今仍然不放棄第一線的到府服務，也培養出不少優秀的學生，在這麼忙碌的情況下，還能生出第三本書寶寶，可謂是時間管理大師。

本書所集結的整理收納 100 問，幾乎是每位整理從業人員或講師都有遇過的提問，從基礎知識到各空間常見的收納難題、取捨各類物品的方式，再到最需要沉澱深思的心法，之琳都以個人累積多年的專業體悟，提供了解決方案，無論你是整理小白，或是希望增進相關知識，都能從本書中有所收穫。

何安蒔 藝收納居家整理顧問

懂得傾聽的整理師撰寫之精華指南

整理師在這時代算是新興職業，大眾對我們的工作內容充滿好奇。因為「整理收納」是家家戶戶都躲不掉的家事，所以當人們知道我們的工作後，免不了詢問自家遇到的困擾與情況。這些問答，對整理師來說就像在腦中累積數據，再搭配豐富的實際經驗，經年累月匯集成龐大的資料庫，我們總能在其中為詢問者即時提供適合的解法！

之琳的新書《誰說一定要整理》以 Q & A 的形式列出常見的 100 種問題，涵蓋各種主題，也反映了讀者最迫切的困惑。透過這種閱讀互動，每個人可以快速找到感興趣的問題並獲得實用的建議。從職業介紹到整理通則，從物品減量到空間收納……，之琳都會用易於理解的方式，提供她的專業見解！這是一本懂得傾聽的整理師撰寫之精華指南，每個回覆都能感受到她的專業與用心。無論你是家事苦手，希望學習正確觀念與找到解方；或者你預計成為整理師，想學習前輩遇到這些問題會如何回應，相信這本書都可以成為你的好夥伴，為你帶來實用的知識！

Blair Re Life 整理收納學院創辦人

透過之琳的整理建議，迎向自己喜歡的人生

充滿同理心的之琳，搜集了 100 個整理常見的問題，寫成了這本可以比擬為「臺灣整理百科」。就像之琳在書上精準建議的「整理動機」很重要，推薦閱讀這本書的你有以下動機，並有解惑目的性的翻閱，學習及吸收效果最好。

對於「正在整理」的你，可以從 Q24 需要如何制定整理的目標，根據自己的狀態搜尋此書大綱尋找答案。對於「不停整理又復亂」的你，書中 Q13 和 Q23 針對整理完一直復亂怎麼辦、有沒有一勞永逸的整理法？透過以上關鍵字就可以從此書找到答案。對於「身為整理顧問」的你，我喜歡的玩法是自己先答題一遍，再看之琳的答案（你可能會驚喜與之琳同樣的答案～笑，或者從中獲得啟發）。

祝福翻閱《誰說一定要整理》的各位，都能透過整理，迎向自己喜歡的人生！

賴庭荷 衣櫥醫生品牌負責人

把家打理好，讓我過著理想生活

　　許多人問過我，讀了七年的藝術學院，結果現在做家事服務，落差是不是太大？沒有學以致用會不會很可惜？我在這裡誠實回答：「完全不會，而且還有很大關係喔！」唸書時期，老師最常問我們：「戲劇是什麼？」在當時幾乎沒有同學能準確回答，因為那時候我們年紀太小又缺少閱歷，但其實戲劇就是「生活」，無論身為一位編劇、導演或演員，都需要觀察生活的本質，才能完成貼近人心的作品。

　　自從我成為「整理師」之後，發現無論委託人是男是女、是富人或普通人，職業是醫師、律師或是剛出社會的新鮮人等，即使大家在各方面身分有區別，而整理收納都有共通的煩惱，比如衣服應該怎麼摺、行李箱沒地方收、廚房太小、衣櫃抽屜很不好用等。我甚至在知名富人家也見過蟑螂的蹤跡，其實大家在居家整理的困擾都是一樣的，一直覺得這點很有趣，也映證了無論在各行各業打拼，回到家後，大家都會煩惱家務，也會希望整理得更好、收納得更方便取用。

　　因為七年的藝術薰陶，再加上至今八年的整理師工作，讓我在觀察生活的本質與追求理想的生活更有體悟。如果有人問我：「整理收納帶來什麼好處？」我會說：「因為我知道如何把家整理好，所以我過上了理想中的生活。」其實這是很不容易的，有多少人賺到大錢、獲得名利，但家卻不是自己感到最喜歡、最放鬆、最舒服的地方。我很幸運能夠到不同人家中感受他們的生活，提供自己的建議讓每個家庭有更好的選擇，這是整理收納工作很棒的一部分！

　　當自己學會過理想生活之後，又到許多委託人家中服務，對於物質上的慾望也會隨之改變，少就是匱乏嗎？多就是富足嗎？

其實花得剛剛好、用得剛剛好、活得剛剛好，
真心覺得只有剛剛好，就是最好！

　　最後，感謝一路上好多的貴人與夥伴，謝謝所有信任我的人，讓之琳有機會持續提供到府服務與課程講座，不斷的累積經驗，將基本功打得扎扎實實，也因此才有機會完成第三本書。這本書《誰說一定要整理》集結了所有委託者、案場與課程的精華，希望大家能從中找到需要的整理收納解答，幫助到各位！

于之琳 專業收納整理師

🌿 認識于之琳

　　很典型的處女座，從上小學就自動自發天天整理書包，會將鉛筆盒的筆頭朝向同一側、將課本按照堂數順序擺放的小孩。高中大學皆是戲劇相關科系，畢業後在兒童遊戲產業待了三年，誤打誤撞開始鐘點 babysitter 的生活，當時帶小孩帶出心得，因此也考取托育（保母）人員技術士證，前後一共帶了七年多的孩子，直到整理師的工作量提升，又加上疫情衝擊，才完全從保母這個兼職中離開。

　　成為兼職整理師是西元 2016 年初的事，純粹因為保母的身分長期在許多有孩子的家庭兜轉，偶爾手癢就動手幫忙整理一下玩具、調整一下書櫃，最後這些家長發現比起請我帶小孩，似乎更需要我來協助整理家，反正帶孩子的時間很彈性，於是我就開始了斜槓，一頭栽進整理產業。

　　最初的一年半乏人問津，解釋半天親戚也非完全明白我在做什麼，因為大家只認識清潔業者，對整理產業一無所知，所以當時自己曾想過乾脆重新全職帶小孩好了，沒想到我無心插柳拍了一支「口袋摺衣法」的影片，引起各家媒體與粉專小編的轉發，粉絲專頁的追蹤人數膨脹 10 倍以上，因為這支影片也收到了第一本書的出版邀請，就這樣，我在整理圈子繼續發揮下去。

　　從業至今八年，已經提供到府整理超過 3000 小時豐富經驗，無論是政府機構、學校、企業、甚至是海外都持續提供講座，也是每年整理師認證考試的評審之一，固定在每年農曆年前舉行居家整理講座，也提供整理師培訓班讓想入行的人可以少走些彎路，其他經歷不逐一贅述。

認識整理師與工作內容

🍃 整理師行業的發展過程？

　　臺灣的整理產業大約在 2012 年前後開始萌芽，最初的幾年從事整理的人十隻手指頭數得出來，大約在 2018 年因推廣有成，投入產業人數開始激增，至今有上百位整理師個人品牌與整理公司在服務。整理師透過到府服務，與委託人一起重新檢視家中每一樣物品，再依據委託人的生活習慣規劃更良好的擺放位置，與大家熟悉的清潔、軟裝、室內設計等產業相輔相成，都是希望讓每個人的家更舒適美好。

🍃 有認證的整理師比較厲害嗎？

　　整理產業與清潔產業目前尚未取得政府協助核發證照，但有整理收納產業相關協會每年都舉辦整理師資格認證考試。目前有臺系與日系的課程可選擇，各協會考試難易度也不同，民眾不一定清楚每個認證的考試標準，所以整理師是否有認證，個人認為不是必須，但是經過協會頒發整理師資格認定的整理師，至少都有一定程度的專業能力，在民眾選擇整理師時，認證不失為一個判定與參考的方式。

🍃 應該如何挑選整理師？

　　除了認證是個加分項目，大部分的個體戶整理師會有自己的粉絲專頁或其他平臺，你可以在平臺上看到整理師的預約細節與到府案例的分享，從整理師的整理手法、美感呈現、撰寫文章的想法敘述到大家最在意的收費方式，找出最「有緣」的整理師。而整理公司大部分無法指定整理師，但是也能從公司與你接洽的細節、回覆的速度、服務的項目等多方面評估。不一定找得到最厲害的整理師，但絕對可以找到最適合你的整理師。

🍃 如何知道整理師的鐘點費與能力成正比？

　　個體戶整理師的鐘點費都是整理師依據自己資歷、經驗、能力所調整，這些是「默契行情」，但是能力與鐘點費是否成正比？整理師自身是否有依照默契行情調薪？不一定，也尚無規範，但市場與案量會說話。不得不說，在有整理師的地區中，例如：美國、香港、中國等，臺灣整理師的鐘點費相對便宜許多，請珍惜我們的俗夠大碗喔！

🍃 整理師的鐘點價格行情？

　　在整理師圈子中，沒有獨立接案服務能力的人，為實習整理師（或稱小幫手），通常鐘點費不會高於四百，在案場不太會直接接觸委託人，規劃大格局的變動上也比較沒有經驗，需要主整理師給予工作指令。當實習案例累積到有單獨接案服務的能力，或通過協會資格認定者，鐘點費大部分從五、六百起跳。而經驗豐富、甚至有開班授課的資深整理師鐘點費通常會超過八百或上千。以上是至 2022 年的默契行情，未來可能還會調整。

🍃 整理師會幫我處理的範圍？

　　一般居家整理的服務區域不外乎客廳、廚房、臥室、客房、更衣室、儲藏室、兒童遊戲室、書房、車庫、陽臺、浴廁，但除了居家整理，整理師也可以服務商業空間，舉凡各式店家、辦公室、教室、甚至業者的倉儲空間。整理師也能提供搬家前的打包，以及搬家後新家的拆箱上架服務，甚至有整理師特別擅長協助整理雲端的文件檔案。只要你有整理的需求，都是整理師的服務範圍。

🍃 整理師有負責清潔嗎？

　　雖然整理與清潔息息相關，但是兩者的專業領域完全不同，需要的工具、花費的時間、使用的技巧都不相同，隔行如隔山，清潔業者不一定會整理收納，整

理師也不一定懂清潔的撇步。整理師通常不負責協助打掃，但是如果會影響到整理工作的進行，簡單的掃地、擦乾淨櫃體裡的灰塵，這些整理師還是會協助。整理師與清潔業者的鐘點費也有差距，所以請不要讓整理師幫你做清潔工作，費用非常划不來喔！

🍃 如果需要收納用品，可以請整理師代購嗎？

基本上是可以的，但每一位整理師協助代購的收費方式可能不同。推薦適合的收納用品本來就是整理師的工作之一，有些委託人想要自行慢慢挑選比價，整理師也會提供照片或網址，讓委託人參考後自行購買，後續委託人再自己將整理的最後一哩路走完。有些委託人希望當天直接購買完畢，讓整理工作一次到位，則整理師大部分也可以配合。有些整理師是依照出勤的鐘點費計算外出採購的費用，有些整理師可能會收取採購費用的一成費用，細節要看你預約的整理師的收費方式比較準確。

🍃 整理師的建議不適合我，怎麼辦？

如果你沒有提供平時生活方式、家人間的習慣或其他細節，整理師通常只能依照「大數據」給予你整理收納上的建議，如果發現整理師提出的建議與規劃不適合你家，請務必當下立刻提出，整理師才能依照需求量身打造專屬於你家的整理計畫。如果經過多次溝通皆無效，則這位整理師可能不適合你，我會建議趕緊踩剎車，況且有經驗的整理師會在工作前，先確認雙方有整理共識，才開始進行工作。

🍃 可以指定整理師的性別嗎？

當然可以！除了性別，你甚至可以指定不抽菸的、特定宗教的、目前沒有感冒的整理師等，只要做得到，基本上整理師都會很樂意配合。需要特定的整理師通常也沒問題，但如果是找整理公司就要看看各家公司的派案方式，據我了解，只要整理師的檔期能配合，通常都不是大問題。

🍃 請個人整理師與團隊的差別是什麼？

好多人做當然比一個人做來得快，效率好就結束得早，時間也可以提早停止計算，簡單來說就是速度＝效率＝金錢。但這並非單一的考量，有些人覺得整理這件事是私密且有壓力的，太多人進出家中會造成焦慮感，那麼你適合單人整理師，全程配合你的步調，貼心陪著你整理物品。如果你的時間有限制，必須在短時間內完成大工程，則多人團隊肯定是首選，大家分工合作更可以達到你的需求，雖然人手增加總金額也會提高，但是服務時數可以減少，換算下來其實是比較划算喔！

🍃 可以在哪裡找到整理師相關資訊？

提供你一些關鍵字，例如：整理師、整理顧問、整理空間規劃、整理收納、居家整理、到府服務、極簡、家事服務、生活提案等。基本上搜尋這些關鍵字都可以找到整理師，或者到整理師相關的協會查詢，協會平臺也可以協助媒合。

🍃 我也能成為整理師嗎？

整理不單單是靠天分，其實也是一門可以學得來的技術，你如果對整理產業有興趣，絕對可以試試看。目前有非常多的書籍、課程或網路影片可以供你參考，這份工作我至今做了八年，還是很熱愛，非常歡迎大家一起加入這個產業！不過我也要老實告訴你，整理也可能與數學一樣，不會就是不會，有些人看了書、上了課，依舊無法習得箇中窺門，建議大家可以先從自己家裡開始，如果連自己家都沒有辦法整理好，委託人的家應該會讓你產生更多挫折喔！

Contents
目錄

Chapter 1
需要先知道的整理原則

Chapter 2
整理師最常被問的 Top 困擾

整理師對於減量物品的看法

臥室與衣櫃空間的建議

Chapter **5**
公共空間的和諧整理

Chapter **6**

孩童物品收納與學習建議

Chapter **7**

你應該改變的習慣與觀念

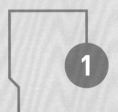

1

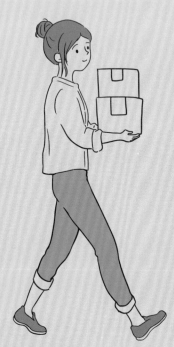

需要先知道的
整理原則

只要你對整理的起手式有任何疑惑，
不知道從哪裡開始？
或是你時常整理、喜歡動手整理，
卻越整理越找不到東西，過沒多久又亂了。
請務必先從這個篇章開始閱讀，
千萬別再做「無效整理」！

整理的第一步是什麼？

Q 我好想整理家裡，一直不曉得如何開始，看到那麼多東西就累了，請問第一步可以先從哪裡開始？

A 大家可以先把物品放到對的空間，即使尚未到達正確的位置，至少空間對了，事情就完成一半了。

🌿 先確認物品所在空間

每次看著凌亂的家，卻不知道從哪個空間開始著手？你可能會想，反正不是公共空間就是私人空間吧？其實，都不是。決定要整理哪個空間之前，必須先確定一件事情，就是「東西都有出現在正確的空間嗎？」

如果衣服還堆在沙發上沒有摺、陽臺的東西蔓延進入廚房、隨手亂塞的東西還在玄關抽屜裡？假如物品都在不正確的空間，你選擇從哪個空間開始整理都會感到疲累，因為要整理的物品種類很繁雜，所以別輕舉妄動，在家先逛個街吧！

為什麼房子需要隔間？

因為我們會在家中進行各種不同型態的活動，所以會利用牆面與門隔出不同功能的空間，既然空間隔出來了，相對應的物品也理所當然需出現在正確的空間。

🌿 巡視家中每個空間

利用你的火眼金睛找出錯誤空間的物品，隨手歸到正確的空間裡，像是將沙發上的衣服扔進衣櫃中。對！就是隨便扔也沒關係，先讓衣服出現在正確的空間就好，按照這個模式，即使東西還沒有到達正確的位置，至少空間對了，事情就已經完成一半了。

委託人的更衣間，同時也是儲物間，評估後先將衣物與雜物分開，整理完衣物，再來處理雜物。所以整理時我將非衣物類型的物品先移出此空間，衣物整理完畢才動手處理其他物品。

先整理衣物，是因為衣服天天穿，而雜物非天天使用，所以劃分種類時可依照使用頻率當作參考。

縮小整理範圍

如果家裡物件真的爆炸多，即使進行「隨便扔到正確空間」都要動用好幾天，就可以換另一種作法，但是換湯不換藥，即是縮小空間。

從收納藥品開始

如果客廳範圍太大，可以將目標縮小到擺放藥品的小抽屜裡。請再次出動你靈動的雙眼，收納藥品的抽屜裡有沒有誤入者呢？有沒有玩具不小心混進來？如果有，先把玩具移出這個抽屜。願意多走幾步的人，請把玩具拿到正確的空間裡；如果只是整理小抽屜就心累的人，就別在意那麼多，只要玩具不在這個抽屜就好，先實現每個小目標，最後再攻大的目標。

按照這樣的模式，物品會逐漸離開錯誤的區域，進入到正確的空間，之後再決定要從哪個空間或物品種類開始整理即可。

02 從哪個種類開始整理才正確？

Q 網路爬文都說要從衣服開始整理，可是我真的很難丟掉衣服，如果丟不了衣
服，就無法把家裡整理好嗎？

A 不一定從衣服開始整理，如果衣服是大關卡，就把衣服的整理順序往後推。

整理方式因地與人而異

　　也許你曾看過日系整理相關文章是這麼說的：「可以從衣服開始整理」，但是
愛閱讀的你請記得，書中的整理方法都只是參考，就連你目前正在看的這本書也
是，參考就好，並沒有絕對喔！況且我們與日本的風俗民情有一些差異，適合日本
人的整理方式不一定也適合臺
灣人，「臺式整理」的精髓在
於富彈性，更配合屋主本人的
生活習慣。

　　如果衣服是你的大關卡，
就把衣服的整理順序往後推
吧！試試先整理家中的保溫
杯、環保袋，或是其他東西，
說不定對你來說，這些更簡單
好上手！再次強調，任何人給
的建議，請參考就好，不需要
完全按表操課。

藥品數量若可以完全控制在一個醫藥箱或一個抽屜，也可以
考慮先把藥品整理好，從小地方開始更能累積信心。

🍂 比較沒有負擔的物品開始

如果不從衣物開始，應該從哪個種類開始整理呢？就從你認為比較沒有負擔，最好下手的物品開始吧！

有些人的包包單價高，捨棄不了，可以試試看從鞋子開始，是不是比較簡單？書桌範圍太大造成文具數量堆積很多，就從最常使用的鉛筆盒開始，是不是更輕鬆？衣櫃塞滿衣物爆滿了，若要分類一天也做不完，不妨先挑出圍巾手套類的配件開始呢？

這是委託人親自整理的寶貝飾品，雖然整個家四散的物品很多，需要整理師協助，但是喜歡的髮箍仍然可以靠自己整理好。

整理的課表因人而異，每個人因為物品造成的羈絆也不相同，你認為什麼東西是相對好處理的，就試著先整理看看。從簡單的開始，才能在一次次的整理中累積一點點自信與判斷的能力，這樣才有辦法面對接下來的大魔王。

🍂 自己可以作主的物品開始

各位不要看完上述所說，就到處找別人的東西開始整理喔！我當然知道在你眼中最沒有負擔的物品、最應該被淘汰的物品，在這個家最多餘的物品，多半都是別人的。

同理心善待家人吧！

大家請發揮同理心，誰都不希望在自己沒有同意的情況下，物品被擅自丟棄，所以即使在你眼中對方的東西真的很像垃圾，或是他很久沒有使用了，都沒有權利替他人做決定。個人的物品與使用空間，只受自己的管理，這就是你能作主整理的區域。

03　整理東西一定要「下架清空」？

Q 很多收納書都說整理哪個區域，就要先清空那個空間。像我有整牆的書，光是下架就要花半天，而且大部分都要留，搬上搬下好浪費時間，真的必要嗎？

A 清空下架非絕對必要，整理原則可以根據個人狀況有點彈性！

讓空間歸零的優點

清空下架會如此高頻率出現在相關文章中，必然有這麼做的優點！

一口氣清潔乾淨

大家想像一下，將這個空間清空時，可以進行平時不好處理的清潔工作，平常擦不到的地方都能一口氣清潔乾淨，確實是一個不可多得的好機會吧！

意想不到的排列組合

人都有慣性，會莫名習慣某些物品應該要這樣擺放，趁此機會將習慣的收納方式砍掉重練，反而能激發更多可能性。試試看從來沒想過的排列組合、嘗試換一種使用方向，也許會發現更適合自己的收納新招。

東西減少很多

全數下架清空這件事雖然耗時，但卻可以在下架時再次檢視物品。每當委託案的條件允許我這麼做時，空間完全淨空後，又再被挑回去放的東西真的會減少許多，所以下架清空非多餘的步驟。

客廳電視櫃中有許多易碎擺飾，考量時間與工作效率，並沒有全數下架。

直接請委託人將可下架的物品移除，再將剩餘的根據空間調整位置，依然煥然一新。

整理原則應該有彈性

世界上沒有兩片一模一樣的樹葉，如同每個家庭的整理方式也非完全相同。整理的作法原本就應該根據大家的工作性質、生活習慣、興趣喜好、宗教信仰、家庭背景等適當調整。只要條件不允許，就不應該勉強，每個人的「整理」步調不同，follow your heart ！

1 時間總是很零碎

沒有辦法長時間將一件件物品下架、挑選、上架，這時候一口氣下架反而造成更多生活中的困擾，建議你此刻不用全數下架。

2 身體狀況不佳

無法爬上爬下把這面牆清空，則不要全數下架，為自己添麻煩。

3 留下的超過需捨棄的數量

當留下的比捨棄的數量多，乾脆把不想留的挑出來就好，不要全數下架。

4 擔心無法復原

對於全數下架這件事充滿著恐懼，害怕自己無法恢復原樣，擔心會因為下架太辛苦就直接半途而廢，就不要強迫自己這麼做。

好收好拿，哪一個比較重要？

Q 家人說全部東西擺出來才找得到，怎麼可能有那麼多空間擺放？如果收起來，家人就說找不到，為此常常起口角，整理無數次了，心真的好累！

A 物品應該依照使用頻率決定擺出來或收進去，養成好習慣物歸原位。如果做不到，就試著減少物品數量吧！

 動線會影響習慣養成

我常在講座中詢問大家，好收比較重要？還是好拿比較重要？大多數人都回答：「好拿比較重要！」確實急需使用物品時，如果無法在最短時間拿到手，有時候真的很煩。但是我們再深入思考一些，如果一個物品擺在不好收的地方，會造成什麼問題呢？

有需求必須拿到它

大家回想一下平時取物的行為模式，就可以發現當有需求使用某個物品時，如果它被收在一個需要踩椅子才能拿到的地方，或是需要移開幾個箱子才拿得到，你會毫無懸念搬張椅子過來，只為了拿到需要的物品。這時即使很麻煩都會想辦法克服，因為當下是有需求的、必須拿到它。

雜物三層非一時之懶

反過來，當使用完畢後，你會不辭辛勞的將椅子搬過來嗎？或者再次動手搬運那些箱子？還是很可能因為光看就覺得累，於是決定不要物歸原位了，先擺在旁邊吧！

冰凍三尺非一日之寒，雜物三層也非一時之懶。整理師看過太多例子，都是因為懶得放回原位，就先偷懶找個位子「暫放」。然而這一放會是多久，誰都不知道！家裡這些「暫放」的物品，數量通常很可觀，因為都是源自於「不好的習慣」或「不適合的物品定位」。

好收比好拿更重要

取物有動機，不好拿還是會想辦法拿，但「物歸原位」靠的是習慣養成，如果規劃了不好收的位置，習慣養成所需的時間終究是難以打敗人的惰性。

習慣差就減少物品數量

高頻率使用的物品之外，其餘家中絕大部分的東西都要收起來，才能讓家中維持在清爽的狀態（見 Q59-P.146 藏八露二的說明），但是有些人確實是「眼睛看不到就找不到」的類型。

如果你或同居人就是如此，我只能說，如果不嘗試著動手打開抽屜、打開櫃體取物以及歸位，東西永遠都要放在視線所及的位置，那麼家中肯定無法獲得視覺上的整潔，反正你也不使用，好像也沒必要買櫃體，不是嗎？

養成物歸原位好習慣

物品原本就應該依照使用頻率決定擺出來或收進去，該收的就要收，維持家中整潔的方法，就是養成好習慣物歸原位。如果做不到，就試著減少物品數量吧！物品數量少，你的掌握度就能提高，東西少即使再亂也不至於太難找。

B e f o r e ⇨ A f t e r

窗戶外就是曬衣陽臺，每次收下衣褲，屋主就會圖方便直接從窗戶丟進床上，久了全家人都習慣在床上翻找衣服，看似好拿其實不好找，衣櫃衣褲反而沒在穿。

衣櫃中的衣物重新篩選後，並讓床上衣物回到衣櫃裡，床鋪也獲得了原本的功能，長輩來家中暫住也不再需要緊急把衣服堆搬走。

好像越整理越找不到東西？

Q 我嘗試花許多時間於整理，整理完沒多久就忘記東西收在哪裡，都要翻箱倒櫃才能找出來，又要花更多時間把東西收回去，乾脆不要整理來得輕鬆？

A 用錯誤的方式整理耗時又費體力，乾脆別整理了！

公共空間失去與家人相處的功能

我經常看見委託人的家中公共空間雜亂，沙發堆滿剛洗好的衣物，餐桌上盡是暫放想晚一點再收，但卻一擱置就是無限期的雜物，公共空間失去了讓家人相處的功能，所以每個家人回到家都直奔自己的房間，真的很可惜。

如果家裡是舒服的，會讓人覺得待在家什麼都不做也很輕鬆，而不是回到家反而更疲憊，整天想往外跑。

光照不進來，磁場容易變差

有些家庭閒置的物品實在太多，只好一直向上發展，不停往上堆疊，堆到連房屋採光處都被遮擋，導致家裡變得暗暗的。我始終相信好的風水需要充足的陽光、空氣、水，如果陽光照射不到，磁場真的會變差（請不要問整理師遇過的鬼故事，多到說不完）。

通常光線照不進來，窗戶也打不開，就會有停滯的空氣無法流動，這類停滯的空氣具特殊氣味，我想是因為夾雜著大量灰塵的原因，住慣了可能沒感覺，但是對人體完全無益處，請務必維持一個家的採光來源以及能夠對流的空氣，才能避免家裡產生不好的氣場。

🍃 重複性物品越來越多

有急用卻找不到東西，臨時又購買一個，家中重複性物品越來越多，空間也越來越少。因為沒有好的習慣與規劃，東西一直找不到，下次使用時只好再次採購。常常看見一些惡性循環在各家庭中反覆上演，既浪費錢也浪費時間，更是一再壓縮僅存的空間，得不償失啊！

🍃 無效整理乾脆不要整理

如上，不整理會發生什麼事，大家都知道了。所謂無效整理是什麼意思？簡單說，即是用錯誤的方式整理，無法達成預期的目標，都是無效整理。

有空間就塞見縫插針法

整理時物品沒有依照使用空間擺放，反而是用「見縫插針法」，哪裡空間夠就塞哪裡，結果是可預期的，久了就記不得位置，下次要使用還得先花時間找出來，也不見得會歸回原處，這就是很典型的無效整理。

只有主要整理者知道物品歸處

家中的物品大家都找不到，只有主要整理者知道放的位置。由於每個人的整理邏輯不盡相同，如果毫無溝通，只按照自己的想法收納，完全忽略家人的想法和習慣，最後導致大家常常在找東西，而且主要整理者需要不停善後，家裡一定沒多久又亂成一團，這也是無效整理。

無效整理 & 不整理相同處

1	損失更多金錢
2	壓縮更多空間
3	消耗更多體力
4	做事沒有效率
5	影響身體健康
6	消磨家人感情
7	頭腦思緒雜亂
8	氣場差運氣壞

沒有冷靜思考自己的需求

有些人只清楚斷捨離很重要，卻沒有冷靜思考自己的需求，丟錯了又後悔，最後又花費第二次金錢購買一樣的物品，甚至導致未來也不敢淘汰物品，這些都稱為無效整理。

🍃 了解整理的步驟，再靜下心整理

無效整理會造成的結果和不整理基本上是相同的，既然方式不對，倒不如不要整理。這些用錯方式的時間、重複購買的金錢，用來強身健體或做些紓壓的事還比較值得，等了解整理的步驟，再靜下心來整理吧！

好的採光、好的通風，能為家注入滿滿養分，對我來說這就是最好的風水。

物品有沒有分類的捷徑？

Q 整理師常說物品需要先分類，看到一大堆的陳年雜物我已經很想逃了，有沒有分類的捷徑呢？

A 絕對有，方法很簡單，不是一家人不進一家門！

試著說出每個東西的品項

整理師常常收到線上訊息，被問到物品需如何分類？我會詢問大致上都是什麼物品？對方就會回覆：「這邊東西很雜，有衛生紙、紙筆、筆記本、出門防曬用品、雨傘、衛生棉，還有一些紀念品，全部都堆在同一個地方，很困擾。」大家有沒有發現，對方在列出物品有哪些，其實已經快要完成分類了！

由上述例子，可以很明顯的分成四個類別：衛生用品類（衛生紙、衛生棉）、文具類（紙筆、筆記本）、外出用品類（防曬用品、傘具）、紀念品類，其實不難分吧！

依據賣場分類方式

平時到超商、賣場、百貨公司，你是不是都可以很輕鬆的知道精品在幾樓？兒童服飾在幾樓？御飯團放哪個地方（醬油和罐頭應該都擺在附近）？信封袋在哪一區呢？垃圾袋又在哪一排？想想逛賣場補貨或平時逛街的經驗，賣場會擺放在一起的物品，其實一般分類就差不多如此。

委託人敘述時很自然就說出分類，我這邊有書本、手機、相機、出門防曬用品。

🌱 先初步分三大類

你在下方圖片看到什麼？如果將物品大致先區分各大類，會如何分類呢？請先試著分類看看！可以將物品分成三大類：衣物類、廚房類、玩具類。

🌿 再細分九個小類

依照剛剛的分類，再細分為九個小類別，你又會如何分類？試試看將原先三大類中的每一類分得更細一些。

三大類	9 小類	圖示舉例
（一）衣物類	1 上半身	T 恤、外套等。
	2 下半身	長褲、裙子等。
	3 貼身衣物	內衣、襪子等。
（二）廚房類	4 鍋具	湯鍋、平底鍋等。
	5 餐具	湯匙、叉子等。
	6 杯具	水杯、酒杯等。
（三）玩具類	7 球體	各種球類。
	8 交通工具	汽車、飛機等。
	9 組合玩具	積木、拼圖等。

界定模糊可先放其他

還有一些物品沒有分進來，你又會如何分類？其實可以放輕鬆一些，暫時分成「其他」。

按照個人習慣分類

藉由這個練習可以得知物品需分成幾類、分到多細，都是看個人，所以不需糾結自己的分類和其他人不同。像是襪子，你會分在貼身衣物？還是下半身？每個人認知不同，沒有標準答案，只要按照個人習慣的分類方式進行即可。

令人傷腦筋的小零件如何分類？

Q 我可以做到家中物品大概的分類，可是有些小零件仍然無法確定應該如何分，有沒有參考的分類方法？

A 我準備分類表給大家參考，有些東西是否要細分類或總括成一大類，都取決於你！

🍃 列表分類可加速整理

家裡究竟會出現哪些類型的物品？以下我盡可能列表出來，並且沒有特別依照區域分類，因為你不一定會收在與其他人相同的空間裡，但是可以在分類後收到自己想放的區域。有些東西是否要細分類或總括成一大類，也都取決於你，趕快動手試試看吧！

食品＆常用備品

1 食材類、乾貨類、麵粉類、調味料類、罐頭類、五穀雜糧類、烘焙類、沖泡類、零食類等。

2 鍋具類、碗盤類、杯具類、馬克杯類、保溫杯類、保鮮盒類、米酒杯類、水壺類、餐具類、料理工具類等。

3 清潔用品類、勺盆類、除蟲殺菌類、保鮮膜類、烘焙類、耐熱袋類、食物夾鏈袋等。

4 電器類、電器相關周邊配件類等。

包裝耗材

1 包裝類、包材類、塑膠袋類、紙袋類、環保袋類、保冷袋類等。

2 備用紙箱類、電器紙箱類等。

工具＆保健藥品

1 常用工具類（例如：捲尺、美工刀）、膠帶類、文具類、備用燈具類、針線類等。

2 藥品類、藥膏類、貼布類、外傷藥品類、內服藥品類、個人其他藥品類、保健食品類、醫藥用品類、血壓類、體溫類等。

保養＆髮妝

1 保養品類、身體保養類、臉部保養類、足部保養類、手部保養類、眼周保養類、髮品類、染劑類、化妝品類、面膜類、美甲類、修容類、刮刀類、修剪指甲類等。

2 隱形眼鏡類、髮飾類、手飾類、耳飾類、帽子類、圍巾類、手套類、衣物相關配件類等。

提包＆皮夾

包包類、大包包類、旅行包類、帆布包類、精品包類、手拿包類、電腦包類、公事包類、媽媽包類、 腰包類、側背包類、肩背包類、收納包類、皮包（皮夾）類等。

鞋子

鞋類、靴子類、毛靴類、拖鞋類、球鞋類、涼鞋類、娃娃鞋類、包鞋類、高鞋類、皮鞋類、雨鞋類、特殊鞋款類、收藏鞋類、鞋子保養類等。

盥洗清潔

盥洗用品類、清潔用品類、沐浴玩具類、盥洗備品類、清潔備品類、擦巾類等。

文具用品

1 文具類、光碟類、書籍類、文件類等。
2 帳單類、保險相關資料類、重要文件類、金融管理類、精品保卡類、精品盒袋類、發票類、紅包信封類等。

電器＆說明書

3C 電器類、電器線材類、電器相關配件類、說明書類、保證書類、掃具類、掃具相關周邊類等。

外出用品

防蚊類、紙巾類、口罩類、雨具類、防曬遮陽類、防疫用品類等。

玩具＆手作

玩具類、拼圖類、桌遊類、磁鐵玩具類、聲音玩具類、娃娃類、軌道類、木頭玩具類、公仔類、扮演類、家家酒類、積木類、圖卡類、車車類、手作類（黏土、串珠）等。

衣物

1 衣物類、上身類、睡衣類、短袖上衣類、無袖上衣類、長袖上衣類、短版上衣類、下身類、長褲類、短褲類、運動褲類、皮褲類、吊帶褲類、套裝類、正式套裝類、運動套裝類、休閒套裝類、外套類、大衣類、風衣類、休閒外套類、針織外套類、牛仔外套類、皮草外套類、洋裝類、雪紡類、襯衫類、背心類等。

2 襪子類、長襪類、短襪類、五趾襪類、絲襪類、褲襪類、睡眠襪類等。

3 貼身衣物類（內衣褲）、居家服類、bra top 類、保暖內搭類、連身褲類、泳衣泳具類、特殊服飾類（表演服、節慶服）等。

其他

貴重物品類、紀念品類、裝飾品類、運動用品類、野餐用具類、薰香類、精油類、收納用品類、露營用品類、宗教祭拜類、節慶布置類、寢具用品類、寵物用品類等。

08 好不容易整理好，需要如何維持？

Q 不知道要如何維持整理好的樣子？家人也很難控制，大家都習慣隨手亂放，家裡很快就亂了！

A 物歸原位是最簡單的作法，或是睡前花幾分鐘整理，讓整個空間歸零。

🍃 檢視物品位置是否合理正確

家人無法物歸原位必有因，請試著找出原因，為什麼已告知過物品的家在哪裡，家人總是隨意亂放不收回原位？是收的位置不方便家人移動嗎？使用的空間與收納的位置距離太遠？擺放的高度是否過高，高到要搬椅子嫌麻煩？還是大家習慣的位置和你的規劃差異太大？

責怪家人習慣不好之前，大家不妨先想想目前放置物品的位置需要調整嗎？非獨居者的收納邏輯是需要尊重所有家人並溝通後，選出全家人都覺得合理、方便、不容易忘記的位置，如此才能提高大家收回原位的意願。

位置正確，幾秒鐘順手完成

整理師常被問：「每天用多少時間做家事？」舉自己例子說明，我其實是無時無刻，也可以說不知不覺中都做完了，因為許多事情都是順手就可以做。像是一進家門，右手邊是鞋櫃，鞋櫃裡還放著酒精，鞋子擺好就可以消毒雙手，左手邊牆面有掛勾專門掛外出包

口罩、外出面紙、防蚊液、雨具等，我都會收在玄關，右手邊是發票箱，每天都會將皮包裡的發票取出集中，進門就立即整理好了。

包，門後方可以吊掛當天穿的外套。在我進門的幾秒鐘，外套、包包、鞋子就全部都歸位好，不需要特別找時間搜羅沙發上的外套或彎腰把地上的鞋子都收好。

睡前幾分鐘讓家歸零

順手可以完成的事情隨手就解決，就不需要花太多時間特別處理。如果你日常瑣事已經太多，還要擦桌子、收東西，忙到實在停不下來，我建議這些小事就先放著，待睡前一口氣物歸原位即可。

大家不必將這件事想像成大工程，「物歸原位」就是將今天有用到的物品，從哪裡拿就放回哪裡而已，而且誰使用的誰收拾，其實只需要花費幾分鐘，就可以讓整個空間歸零，回到初始狀態，如此明天睡醒，又是乾乾淨淨的空間。如果是辦公空間，則建議在下班前將使用空間收拾好，明天上工又是一個全新的開始。

即使進行中的工作還需處理，每天睡前都會將桌面歸零，讓隔天一早可以用最輕鬆的心情進入工作狀態中。

09 如何判斷物品所處位置？

Q 整理法則都說物品需固定位置，好像很多地方都可以放？但是如何知道定位在哪裡好呢？

A 收納不像玩俄羅斯方塊遊戲，絕對不能因為有空隙就塞進去喔！

🍃 收納空間越多，越不清楚物品放哪裡

物品在哪裡使用就收在哪裡，收納不像玩俄羅斯方塊如此單純，並不是這裡有空間，物品就可以放在這裡喔！有些人擔心物品沒地方收，所以系統櫃能做就做，家裡到處都有暗門，每面牆幾乎都有收納空間，這未必是好的。

收納必須先考量自己的需求，如果供過於求，收納空間多過物品，很可能不知道應該放這裡還是那裡？因為選擇太多，容易記不住。更糟一點的情況是因為空著的抽屜或層板太多，容易下意識的想要填滿，導致東西不減反增，再多的系統櫃遲早有一天不夠用。

🍃 依照空間與情境放置

物品的擺放位置可依照兩種類型區分，同一個空間、同一個時間。請勿「見縫插針」，每件物品都有適合的地方擺放，物品必須適得其所，才能各司其職。

籃子裡有衛生紙、乾洗手、防蚊液、防曬噴霧，這些都是我每次出門會依據天氣和包包大小，隨手放進包包的物品，雖然種類不相同，但是收在一起方便外出使用。

同一個「空間」使用的物品收一起

鍋具、餐具會在廚房，曬衣夾、洗衣精出現於陽臺，寢具、衣物會在臥室，書籍、文具出現於書房，還是那一句話，在哪裡使用就收在哪裡。

依然可以根據不同情況稍微調整，以自己的例子來說，吹風機的位置就會隨著季節而改變。冬天將它收在廁所，洗完澡方便直接吹乾，但夏天吹頭髮太容易吹到汗流浹背，所以夏天都將吹風機放在房間，一邊吹著電風扇一邊吹乾頭髮。

同一個「時間」使用的物品收一起

有些物品並不是同類型，可是卻在某些時段同時使用到，所以它們也可以收在一起。比如我帶狗狗出門玩，一定會帶上碗、塑膠袋、衛生紙、濕紙巾、零食等，這些只要「和狗狗出門玩」就會一起帶出門，如此這些物件平時就不一定需要分開放，反而收在一起更方便拿取。

我的餐桌也是工作桌，這個置物架放著最常使用的文具和電視遙控器。每當有包裹需要拆，剪刀和美工刀伸手就拿得到，對自己來說這些東西放在桌上最方便。

最重要的東西需要放哪裡？

我聽過「常用的」放在好拿的地方為佳，想知道如果是「重要的」應該放哪裡比較理想呢？

透過火災聯想，記得住的地方就好。

找得到記得住最重要

有些人認為金銀珠寶重要，有些人認為戶籍謄本、保單類的文件很重要，重要的東西是什麼？每個人的定義不太一樣，到底應該放哪裡？其實也沒有標準答案。

以常見的重要文件來說，過往經驗委託人大多選擇床邊櫃、某個斗櫃抽屜、書架上其中一個資料夾、電視櫃等，都是很常見的收納位置，需要時要好找好拿，但也要具備一定程度上的隱密。對你來說，最重要的東西如果是價值最昂貴的那座公仔，需找一個不會長期曝曬的位置，不易造成外盒受潮的地方，兼具觀賞與保護作用的空間。

藏到忘記很容易變垃圾

重要的物件因為性質、使用頻率、金額等，產生擺放規劃上的差異，到底要放哪裡，真的沒有標準答案，唯一要提醒各位的，即是擺在一個自己找得到也記得住的地方。如此說是因為我們協助整理時，常常在發霉的包包裡找到禮券、抽屜後方發現紅包等，不少人會藏到忘記，一不小心就當垃圾處理掉。

火災時你會先搶救什麼？

有一次我和小鬍子到府服務，這是相隔一年多再次前往整理其他區域，整理過程中委託人提起，去年我們有幫她把所有硬碟集中在一個箱子裡，但是她一直找不到，希望我們協助找出來。

一聽完她的敘述，我們幾乎同時將手指向同一個位置，不約而同的表示應該在那個位置，隨後還真的在那個位置找到一個被雜物遮擋著的紙箱，打開也的確是委託人尋找已久的硬碟。

物品分階級

難道我和小鬍子有過人的記憶力？當然不是！只是我們在整理過程中與委託人進行了大量的對話，由於委託人

以重要文件來說，我是利用雜誌盒搭配標籤來分類收納。

的職業關係，家中有不少超厲害的獎盃、華麗的禮服以及成箱的作品集。但是家中坪數實在非常小，一定得用一些標準區分物品的「階級」，所以當時我們問委託人一個問題，如果家中不幸發生火災，你會帶走什麼？

委託人想了想，獎項都是有留名的，所以失去獎盃本身並不會讓獎項消失，再貴的衣物只要再賺都買得到，作品集對目前的她來說，其實沒有實質用處，只能算是個收藏，想保留自己一路以來的成果。

所以委託人告訴我們，如果發生火災唯一想要搶救的就是硬碟。硬碟是所有努力的成果，如果硬碟沒了，很多事情必須從頭開始，用錢也買不回來，即使整個家的物品那麼多，但是對委託人而言，最重要的就只有硬碟。

火災聯想

於是我們評估了她家中的動線，如此重要又經常需要使用的物品，當然不可能收在深處或高處，於是當時選擇了一個最佳位置，將硬碟的箱子擺在那邊。所以當一年多以後，委託人再次提起硬碟，我和小鬍子當下都想到了「火災聯想」，才會像約好一般，立即想起當時的規劃，精準指出硬碟的所在位置。

大家可以用「火災聯想」，家裡最重要的東西是什麼？發生緊急情況時想要抓了就跑的東西是什麼？放在哪裡最適合？以我來說，貓咪第一、筆電第二。

整理師為什麼整理得快又好？

Q 之前親友請整理師到府，他們說整理師做的就是「下架、分類、淘汰、上架」，
為什麼整理師幾天就完成，我卻整理大半年還卡關，步驟哪裡錯了？

A 整理師累積多年實務經驗，在執行時會比較有效率啊！

整理師會詢問的重點

整理師在你預約時，雖然會詢問，這次想要整理的空間有哪些？但是整理師看的除了空間本身的坪數大小之外，更專注的是你在這個空間內的物品數量有多少？物品多寡是一個指標之外，物品的凌亂程度又是如何？這更是整理師評估時數的主要依據。

當你確定好這次的整理區域，整理師並不會馬上開始整理，而是先在鄰近的延伸區域檢視你家有沒有散落各處的物件需要先撿回來，待應該出現於這個空間的物品都到齊，才會繼續後續的分類、篩選、上架。

整理師主要以物品種類區分

一般人習慣按照空間分別整理，這樣做也沒有錯，但前提是物品都要出現在正確的空間，才能進行整理喔！如前段所述，如果要整理遊戲間，但玩具卻還散落在客廳及房間，此刻必須先集中到遊戲間，待所有應該出現在遊戲間的東西都齊了，才開始整理。

接著整理師就會按照物品的種類來進行整理的順序，這個空間都是哪些類型的物品、什麼物件需要使用的收納空間最多？你對於哪個種類最能夠篩選淘汰？這些都是整理師的考量。

數量較多的同類物品

如果廚房的馬克杯數量很多，肯定會先把馬克杯集中處理；如果熱愛烘焙，則烘焙的物品先整理在一起；如果碗盤有分日常和宴客用的，就需要把它們區分出來。

同類同時使用歸位

當選定了今天想整理哪個空間後，首要是將這些物品種類分類，同類別的收在同一處，同時間會使用到的也可以收於臨近的地方，方便使用及歸位。

🌱 錢都花了，專注是必要的

另外一個比較實際的原因是，錢都花了，當然要認真跟著整理師的建議一起分類及篩選啊！畢竟整理師的鐘點費不便宜，有些委託人甚至特別請假在家整理，或特地找後援協助照顧孩子，趁著這個時間專注的把家裡一口氣打理好，加上有整理師在盯場，你也比較不會分心跑去看電視，或是做到一半想放棄，所以速度就會比自己做快很多。

一個優秀的整理師，應該會令人有「放心，我會陪你整理到好」的感受，當你在這樣的環境氛圍下，不專注整理都很難喔！

Before ⇨ After

委託人的臥室很大，後方還有更衣間，也因為範圍太大導致一直提不起勁整理。

思慮過後找我們協助到府整理，並且說明決心「非必要的都不留」，當天確實淘汰不少物件。

12 空間很小，需要怎麼做整理和分類？

Q 東西堆到極限，根本沒有空間讓我整理及分類，家裡是十成滿的狀態，需要怎麼處理才對呢？

A 滿滿滿的狀態最難處理，請先至少清出一個可以提著大垃圾袋輕鬆行走的過道空間，如此才能有效整理。

🍃 邊減量邊整理

整理師通常不怕髒也不怕亂，但是最怕碰到的是家裡每一處都堆滿東西，完全沒有任何空間，甚至連走道都只有一條窄窄的路，這種狀態下通常需要不少人手，但尷尬的是也沒有我們的容身之處，確實會大幅增加整理的難度。

首先只能先試著減量，一個家會堆積到這種程度，必然可以淘汰的物品不會太少。請認清事實，堆成這樣勢必得先淘汰一部分，先騰出空間，才可能出現地面或桌面，讓你好好分類做更細緻的篩選。

🍃 迴旋過道優先處理

如果你家也是十成滿，建議先從靠近大門口的區域開始處理，例如：前陽臺、玄關、客廳。因為要淘汰物品比較不用「跋山涉水」拿到門口，減少將物品移出的距離，整理起來會輕鬆許多。

假設需要整理的空間正好距離大門口有些距離，建議你先將此空間一直到大門

從今天開始，委託人每天要穿的衣服都整理好了，不用再堆於雜物山丘上。

未整理前，完全無法看出雜物的高度及深度，根本走不進去。我們必須花點力氣前進到中心點，先清出一點空間比較好進行整理。

口這段走道處淨空，無法淨空至少也需整理過，清出一個可以提著大垃圾袋輕鬆行走的過道空間，如此才不會在整理過程中處處是陷阱，這裡卡到、那裡撞到、垃圾帶著走時被勾破等。

記得分類很重要

以如上照片的案場來說，就是一個完全沒有空間可以整理的房間，連人想要走到深處一些拍整理前的照片都有困難，所以這個案子我們是以「接力」的方式進行，讓委託人待在閣樓旁的空間篩選，小鬍子幫我傳遞物品給委託人同時做分類，而我在房間盡量先將肉眼所見的同類型物品集中交給小鬍子。整理師一定要先分類，若一股腦的將物品下架，如此會造成委託人的困擾，物品篩選效果也不會太好。

這樣的接力下，閣樓旁的委託人一邊篩選，我在房間內努力清出一點可以讓人進出的過道空間，最後房間空間看得到地板的時候，我們才調整整理方式，讓閣樓空間與房間同步整理。最後整理完，不僅是看得到地板的程度，而是需要定期掃拖的整個地板面積囉！

當天時間只夠處理好衣物、書籍、文件及珍藏的杯子等，其餘的文具、日用品，委託人表示想靠自己試試看，真的不行再尋求整理師二次協助。

2

整理師最常被問的 Top 困擾

動手整理是想帶來更好的空間環境，
別讓整理這件事造成反效果！
這裡集結榮登「最高詢問度」的 Q & A，
也是大多數人會有的整理收納迷思，
可能你曾發生過，來看看有沒有回答到長久以來的疑惑。

13 整理完一直復亂，怎麼辦？

Q 很希望家裡乾乾淨淨的，也不排斥花錢買收納品，我真的花很多時間在整理，可是沒多久又亂了，怎麼會這樣呢？

A 請先停止整理，因為一定有出錯的環節！

🌱 找出整理盲點和動機

整理這件事說難不難，只要照著幾個大方向做，通常都可以達標，但說簡單也不簡單。一次「有效整理」，除了用正確的方法整理之外，還需要強烈的動機來激發執行力。沒有動機的整理，通常只是漫無目的將物品取出，看一看、想一想，最後很可能就是隨意換個位置再放回去而已。

整理完會不會變亂？

當然有可能變亂！這就和減肥的原理很像，抽脂後會不會復胖？如果不持之以恆運動又不忌口，當然會復胖。所以請先找出家中復亂的原因，是因為物品淘汰的速度遠遠追不上增加的速度？還是規劃的擺放區域太不方便，根本懶得走過去打開櫃子把東西收進去？抑或是純粹自己習慣太差？

復亂的理由千百種，但造成的結果只有一種。如果不願意付出一些時間與心力，打造你理想中的生活樣貌，將會付出更多代價讓自己處在不滿意的環境中，俗話說：「時間花在哪裡，成就就在哪裡。」

為什麼要整理？

因為快要開學了，孩子還沒有可以寫作業的桌面空間嗎？因為很想購入一臺全新的氣炸鍋，所以廚房櫃體的東西勢必得淘汰兩成，才能騰出空間？就像夏天來臨

前半年至一年，許多愛美的女性就會開始注重體態，等到夏季一到，就可以穿上喜歡的衣服一樣，建議先找出整理的動機，有動機，整理速度才會快，心態才會改變，效果才會更好。

🍃 整理務必配合習慣與邏輯

若是毫無想法的開始整理，很可能又是一次「無效整理」（見 Q5-P.27 無效整理），所以認識自己、知道個人需求是很重要的。舉個簡單例子，假設你是一天到晚飲酒喝掛的人，貼身衣物或睡衣務必放在茫到不行都還拿得到的地方；如果你家有毛小孩或在爬行的嫩嬰，至少要逼自己把東西都從地面上清空，避免被誤食。

有時候「整理」的原因就是這麼簡單，很單純的希望讓生活某個小地方更便利一些、減少一些潛在危險，找出這些看似不重要的原因，你會更清楚為何需要整理，應該從什麼地方開始著手。

B e f o r e ⇨ A f t e r

委託人希望可以順利讓小朋友獨立睡一間，於是請我們來協助整理，目前狀態比較像倉庫，不像房間。

房間整理乾淨整齊，後續換上小朋友喜歡的床組，大人和小孩就隨時有獨立空間了。

14 如何讓家人主動開始整理？

Q 我真的很受不了家人都不願意整理，而且還拒絕我幫忙，看了堆滿雜物的空間又很不舒心，應該如何說服他們斷捨離？

A 不需要太天真以為能說服他人，請先管理好自己的範圍就可以囉！

🍃 沒有人開始做，就無法影響人

曾遇過一個案例，女兒的父母家幾十年沒整理過，更別說丟東西了，家裡可以稱得上是歷史博物館。女兒在一年前大刀闊斧把其中一個房間重新油漆、找人訂製專門的櫃體，成功打造成爸爸的書房，各種文房四寶都擺得整整齊齊，尺寸較大的宣紙也都能妥善的直立收納。

這個成果讓一向抗拒整理的媽媽破天荒的點頭同意，願意將可怕的雜物間重新改造成更衣間，所以這位女兒請我們在幾天內趕緊安排時間到府，避免時間一久媽媽改變心意。

由人影響人最有效，這位媽媽當天非常配合，最終整理好的成果連我們都很滿意，原先還擔心八小時可能做不完，結果媽媽的確也想通了，不會用到的東西就無需再留，所以整理五個小時就收工。現在媽媽也有一個像爸爸一樣的專屬空間，家裡瞬間瘦身不少。

🍃 過去無法定義未來

另一個想分享的案例，不少人可能在我的講座中聽過，同時也有收錄在我的第一本書《超簡單整理收納術，讓家煥然一新！》，就是「充滿老鼠屎」的家，真的

是我從事整理以來，絕對忘不了的案子。細節就不贅述了，因為這次想分享更之後的故事。

原先同住家人也是不同意整理，因為當時很少人知道整理師在做什麼？所以我們只被授權整理一半的空間，但是最後同住家人發現整理後身心狀態特別好，他們一起把剩下的空間都整理好，還傳照片與我分享。

需要整理的意識出現，已經值得嘉許

當時我在網路上分享了這個案子的文章以及縮時影片，有一些網友不看好，覺得這樣的家沒有能力維持，絕對馬上復亂，所以酸溜溜地說他們浪費錢、我們做白工。其實無論他們有沒有能力維持？能維持多久？當覺得「需要整理」的意識出現，已經很值得嘉許，不少人習慣了這樣的環境，壓根連想整理的念頭都沒有過。

他們能維持多久？

三年後，我又收到同一個委託人的訊息，她因故現在沒有和家人同住，傳了目前的住所照片。我看了大吃一驚，因為她現在的家，應該比那些酸溜溜留言的網友都還整齊乾淨，誰說家裡亂了一輩子的人就沒有改變的可能？這只能代表一個人的過去，但不能定義一個人的未來。

她的訊息真的是我整理路上很大的強心針，也常常用這個案例鼓勵大家，不必擔心！先做好自己的物品與空間管理，任何改變都需要有人搶先做。

曾經住在充滿老鼠屎家的委託人，現在可以靠自己維持家中環境，甚至比許多人的家都還整潔。

選擇收納用品的技巧？

Q 我跟風買了許多收納用品，家裡看起來反而東西更多了，有選擇收納用品的好方法嗎？

A 先丟掉你的偽需求，就已經減少一半買錯收納用品的可能性！

🍃 簡單認識收納用品

其實步驟對了，物品先篩選過，就可以減少一半買錯收納用品的可能性，至少尺寸不會錯，但為什麼依然會買到不合用的收納用品呢？可能是對收納用品的性質了解不夠的緣故。

收納用品款式眾多，又經常推陳出新，許多人喜歡嘗鮮，同時也很可能踩雷，先簡單介紹各種類型的收納用品。以下是整理師較常使用的款式，其餘沒有提及的，可能是較不普遍、也可能是比較不被推薦的款式，但請記得蜜糖毒藥論，這些資訊都當作參考即可，你家適合什麼只有自己最清楚。

收納盒／分隔盒

通常容積較小，可以擺在抽屜裡或大型收納箱內做隔間，喜歡自己 DIY 的人，也可以使用手機盒、牛奶盒類取代另外添購收納用品。適合放偏瑣碎的小型物品，例如：文具、指甲刀、美妝用品、衣物配件等。

收納籃

體積與容積比收納盒大一些，如果將收納盒比成房間，每位家人有自己的房間，則收納籃就比較像是一間房子，基本上只要是一家人都會住在同一棟房子裡。

抽屜式收納箱

外面有個框框，中間可抽拉的就是抽屜式收納箱，是整理師很常推薦的款式，可以獨立外露擺放在各個空間，也可以放在高度較高的層板之中，修正深層板帶來的不便。

分隔層架

呈現ㄇ字型，常見材質有塑膠與金屬製，層板之間如果深度不夠深，但高度偏高，非常適合利用分隔層架有效收納，通常最常見的使用空間是廚房櫃體。

🌿 同色同款同品牌最保險

先捫心自問有沒有這種莫名迷思，花一樣的錢，當然要選有顏色的、選大一點的才划算！請不要再這樣想了！另外，先不考慮你家是不是特殊的風格，如果是，請先忽略這一段，這一段你家不適用。

以一般家庭來說，最百搭的顏色肯定是白色，白色是最能融入大部分裝潢風格的顏色，是最舒服的顏色，也可以說是一個最能降低存在感的顏色。當你沒有頭緒時，直接挑白色最不容易出錯。白色也分許多種，所以如果可以挑選同款式，就能再降低所謂的「視覺噪音」，讓色系統一、款式也統一，看起來會更整齊，收納用品的顏色請控制在最多兩種就好。

盡量選擇知名品牌，因為同品牌通常會製作可以讓不同尺寸相互堆疊的收納用品，在空間運用上有莫大的幫助，也比較不擔心隨時斷貨的可能。

🌿 收納用品無處安放，容易成為流浪品

收納用品請適量添購就好，絕對不要多買！別想著「反正都會用得到」，所以一次買多一點沒關係，不適合的收納用品也是需要空間收納，但是空間很貴的，比你大多數的物品都還要貴，避免買錯或買太多閒置的收納用品，占用珍貴的空間。

需要購買收納用品的時間點？

Q 我加入許多收納社團，也買了很多團友熱推的收納用品，可是買回家後不清楚如何使用？看大家使用的照片覺得好棒，再看看自己家，好像更亂耶！

A 當你不確定需要與否，就先別下手！

🍃 需求與偽需求差異

我真的碰過非常多有相同狀況的家庭，為了想整理好家裡，反而過度的採購收納用品，最後因為這些過量的收納用品占據家中更多空間，反而不知道如何整理。

你知道大家為什麼喜歡留下精美的喜餅盒收納小東西，可是最後都會忘記裡面收了什麼嗎？因為喜餅盒的出現是被動的、不在計畫之內的。通常會被留下，只是因為它很漂亮，又因為你想留下這個美麗的盒子，而硬是找東西放進去，其實非真的需要這個喜餅盒。（我想你們都無法否認這一段吧？）

明確需求＆偽需求差異

明確需求	偽需求
一個收納用品的出現，應該是你發現有物品需要容器盛裝，所以丈量過尺寸，也計算好數量，然後將它帶回家。	你在網路上看到這個好像不錯，趁團購買回家再說，最後怕買了沒用到很浪費，於是毫無邏輯的隨便找個東西放進去。

🍃 添購收納用品的正確時機

　　簡單來說，應該丟的東西還沒丟完，你就不應該添購收納用品。整理的時候，一定會經過一段時間的篩選，到底什麼物品需要留下、什麼應該割捨？這段心路歷程是必經之路，這條路至少要走過六、七成，自己才會更清楚是不是真的需要購買收納用品。

不要太早買收納用品

　　整理師常常碰到的狀況是，委託人應該丟的東西都淘汰之後，瞬間空出很多收納用品，根本沒東西可以放進去了，反而是要煩惱著要如何處理這些多餘的收納用品？所以切記不要太早購買收納用品，除非你很確定有想要更換的款式、尺寸和數量，否則最保險的方式還是等整理完畢，思考後真的有需求才添購。

　　畢竟多餘閒置的收納用品，也是需要被收納的，空間不足的情況下，很可能沒有一絲絲餘裕暫存這些物品，反而造成更多困擾。

將需要整理的物品一次排開，挑選出必要的物品。

經過篩選，留下的物品大約只剩一半。

17 為什麼常買到不適合的收納用品？

Q 我家的收納用品反而讓我容易忘記內容物是什麼，是因為非透明的嗎？

A 只要使用頻率過低、擺放位置過高，都容易忘記。

收納用品的顏色不是重點

收納用品的顏色非完全不重要，如果顏色五花八門確實也是充滿視覺噪音的來源，只能說收納用品的顏色並非遺忘內容物的主要原因，即使是全透明的收納用品，只要你擺放的位置過高、過深、時間太久才去檢視，都可能會忘記內容物的品項，所以「標籤」在許多情況下依然很需要做，可以在找東西時節省不少時間。

如果擺在非開放式櫃體裡面的收納盒，顏色不需要限制，因為並不影響視覺外觀的呈現，使用者不介意顏色就無所謂。若是外露型的收納用品，會直接放在桌上、檯面上、開放層架中，建議最多一至兩種顏色，不需要更多，才能維持視覺美感和清爽。

不要幫收納用品找使用動機

如果常常買到不適合的收納用品，我強烈建議別再買了。你肯定是沒量好尺寸就買，或者根本不清楚是否有收納用品的需求，真的有需要嗎？準備擺在哪？需要裝什麼？獲得三個肯定句之後再開始丈量，就降低買到不適合的收納用品之機率。

收納用品出現會有固定劇情，因為發現某部分的物品需要被裝起來，才確認尺寸並購買回家。如果沒有上述這些前提，收納用品突然空降到你家，就像突然收到精美的禮盒、買了新手機後覺得手機盒很堅固而想拿來裝東西。

先有需求，才尋找適合的家

先有了實體收納用品，才開始思考要拿它來收什麼好？這就真的是碰運氣了，運氣好的話可以完美盛裝些什麼，運氣不好只能將就著用，或是占用空間長期閒置在某處。所以記得別幫收納用品找使用的動機，而是先有需求，才尋找適合的家，如此就不會錯。

買到錯誤的款式和尺寸

看完上述，你可能覺得很冤枉，因為自己真的有需要才去買，只是不會挑選或挑錯，才越買越多。因此覺得我誤會你了，確實也會有這樣的情況發生。

如果真的不會挑，就請整理師到你家丈量，協助你挑選吧！這確實是最好的作法，而且整理師評估後，說不定你不需要浪費錢添購，只要運用家中其他現成的收納品就可以搞定，或者東西換個地方放就解決了你一直以來的困擾。

這原先是衣櫃內建的分隔，並不符合委託人本身的需求，所以我們幫他移除和找到新用途。

常常因為物品減量，反而沒有東西可以放進去這些收納用品。

18 家事如何分配比較和諧？

Q 我知道之琳與小鬍子都是整理師，但是夫妻都會整理在一般家庭並不常見，想知道家事如何分配？有什麼祕訣嗎？

A 這個問題很意外的常常被問到，其實夫妻只要彼此講好就好。

誰擅長誰做，都不想做就一起做

在一般家庭中，家事通常會以某一人為主要負責人，再將特定事項交給所指定的家人協助。我和小鬍子稍微不同，我們所有的家務事幾乎都是一人一半，只有少數幾項是他的工作或由我專門負責。

像我是出了名的怕蟑螂，所以把垃圾拿到大樓回收處，從來不會落在我身上，但摺衣服這件事，小鬍子摺衣服的速度追不上我，而且我對摺好的方正又有堅持，所以與其嫌棄他摺得不夠美，不如自己做。

沒有明確分出誰做

大部分的家事並沒有明確的分出你做或我做，我吸地板時，他就會去準備拖地水；他處理二樓臥室時，我就把一樓的貓砂清潔乾淨；他曬衣服時，我會幫忙拿衣架讓他掛上。可以說所有的家事都是一起完成的，大家一起做完成的速度比較快，也不太會感覺到疲累，結束後彼此都能互相了解剛剛做家務的辛勞，我們就會很有默契的為彼此倒好水，接著打開 Netflix 看電影或看劇放鬆一下。

永遠以利他為出發點

相較於小鬍子的穩定，自己反而比較喜歡改變，我很樂於隨時把沙發和餐桌位置調換、將裝飾品換季展示等，這個部分我們一直都很有共識。他尊重我的所有想法，想要做的變動都會幫忙，比如把物品位置從抽屜換到其他櫃體，他都會放手讓我安排，家中大大小小物件都是依照我的想法規劃，因為小鬍子的完全包容與接納，所以在物品的細部位置，我會以他方便為考量，舉幾個例子和各位分享。

襪子擺放位置

　　將襪子從衣櫃換到玄關處擺放，他完全沒有意見。因為小鬍子穿襪子的頻率比我高很多，所以打開櫃子最先映入眼簾的是他的襪子，方便他拿取，我的則在深處一些。

浴室加裝層架

　　我不想在浴室加裝層架導致更多水垢，於是提議需買兩個掛籃掛在桿子上，小鬍子就陪著我去挑選收納籃。因此我以他的體型去考量，把相對方便的位置留給他，在轉身時不會和蓮蓬頭打架。

兩人無論生活或工作，都是經過討論，以最平衡的方式進行。

衣櫃空間分配

　　我們一年四季的衣物都放在同一個空間，我的衣物已經占了三分之二，他從沒抱怨過一句，我買新衣服時還會誇獎很適合很漂亮。所以整個衣櫥都依照他的身高規劃，將不用彎腰就拿得到的空間都留給小鬍子，衣櫥深處的死角則放我的厚外套，他的衣物全部都是打開門就清楚可見。

🍃 大小事都記得謝謝對方

　　一直以來都是用如上的模式相處，偶爾也會互相討論來調整細節，並不會永遠都只遵從某一方的想法。我看到他對我的信任與尊重，他看到我對他的體貼細心，所以做家事我們一直很和諧。

　　有一點是大家很容易忽略，不過我一直都習慣這麼做，任何一件小事情都很值得和對方說聲「謝謝」，讓對方覺得自己的付出被看見。有時只是一個小動作，比如他順手從我手中提走重物，等稍後進電梯時，我就會對他說：「你力氣那麼大，對你來說應該是提螞蟻而已，但是你讓我剛剛走路時輕鬆很多，謝謝你！」當然有時候太噁心的話需要搭配開玩笑的語氣說出口，我總是看到小鬍子笑得很開心，瞬間也不累的樣子，這就是說謝謝的力量吧！

19 美感與生活感是衝突的嗎？

Q 常看到收納社團漂亮的圖片，都是將收納容器全部統一，這應該很花錢的、是必要的嗎？難道美感與方便只能擇一？

A 美感有許多選擇，統一收納用品只是其中一項而已。

🌿 美感從帶進家中的物品開始

雖然自己是標準的處女座，又是整理師，但是並不是追求家中要整齊如樣品屋的人。我很喜歡平時家中自然產生的生活感，覺得小日子過得踏實又舒適，但是我指的生活感並非「懶惰感」喔！

外觀看起來乾乾淨淨，櫃子打開卻亂七八糟，這不是生活感，而是物品缺乏妥善分類與位置規劃；那些長期堆積在跑步機上的衣物，這也並非生活感，純粹是日常壞習慣的呈現。

想要營造有美感的生活感，可以從日常選物開始，進到家中的每一項物品都應該符合家中風格與使用需求，比如精心挑選的杯子與杯墊，即使喝到一半隨手放在桌面上，也可以是一道漂亮又有生活感的畫面啊！（是不是覺得處女座又更機車了一點？）

家中每樣物品都是我精選後才帶回家，微亂時不會太醜，更重要的是每次使用時都會讓心情很好啊！

🌿 減少視覺噪音

收納用品是各式雜物的容器，它外露的面積比物品還大，如果可以如此，挑選統一規格與色系的收納用品，則家中自然可以降噪不少（見 Q15-P.51）。當家中所有物品都是美美的、整齊的，自然有加乘效果，甚至還可以產生「小花效應」。

🌿 適當留白「藏八露二」

假如你不想花太多預算和精神在選物，也有一個很簡單的方法可以嘗試，就是將家中 80%的物品都收到看不見的地方，像是櫃子裡、抽屜裡，而剩餘的 20%物品就是家中的大型家具及有美感的物件，基本上「藏八露二」可以讓空間感有很大的變化，只要把容易造成雜亂感的物件收起來，有美感的物品陳列出來，會發現生活感漂亮許多。

如果是「極繁主義」，你可以忽略「留白」這件事，大膽地為自己家中每一個角落注入屬於自己的風格，但如果你家不是狂野派，留白在一般人家中是很重要喔！

小花效應讓空間煥然一新

凌亂的房子中住著一位批頭散髮的人，某天他收到一朵小花，於是找了花瓶想放在書桌上欣賞，才發現桌子實在太髒了，於是動手整理了書桌，整理完發現書桌變整齊，但房間的凌亂實在無法與書桌搭配，又著手將房間也整理乾淨，最後他發現最不搭配的是鏡子前極度邋遢的自己，於是也為重新打理一番，最後因為一朵小花，讓整個空間煥然一新。

我家的零食、沖泡類物品不少，這些東西顏色花俏、尺寸不同，所以乾脆全部收進抽屜裡，減少視覺上的噪音。

整理前必須準備什麼？

Q 我終於下定決心想要整理家裡，開始整理前需要先準備什麼嗎？

A 只要身心靈都準備好，就可以開始囉！

需要找出整理的動機

前面提到整理需要有動機，有強烈的動機才會有目標（見 Q13-P.46），否則可能不知道自己在忙什麼？有目標之後請開始制訂符合自己或家庭的整理計畫，切勿好高騖遠，一下子把目標訂得太高，讓自己與家人毫無退路，雖然這也是一種強迫實踐的方式，但不一定適合每個家庭。

關於整理計畫和步調，之琳建議先訂一個做得到的目標，「先求有、再求好」，有很大機會迎來你家的小花效應（見 Q19-P.59）。

需要空出時間與空間

整理不像清潔工作可以分小區塊做，往往一整理起來都是牽一髮動全身，所以花三十分鐘整理一個抽屜還可以，但三十分鐘要整理一個空間基本上是不可能的。如果要開始整理，每一個時段建議至少三小時起跳，這樣才能真正有足夠的時間進行「下架、篩選、重新定位」等步驟。不過依然需配合個人的精神與體力適當調整，做不到也不要硬撐，可以考慮找整理師幫忙，你會輕鬆很多。

除了時間不能太短，空間還有多少餘裕能夠讓你把東西找出來分類也很重要。假設現在要整理鞋子，至少需有個空地把所有鞋子撤下，一雙雙檢視，甚至試穿；如果空間已經擁擠到連空位都清不出來，如此整理工作會比想像中更累，因為你必須邊整理物品邊移動空間周圍的物品，如果沒有人手幫忙一起做，則放棄整理的可能性就增加了。

🌱 必須有疲累與告別的心理準備

有整理經驗的人就會知道，整理所花的時間往往比想像中來得久，整理會消耗的精氣神也比你想得還要多。不少委託人和我們一起整理完的隔天就請事假去按摩，然後發訊息問我們怎麼都不會累？

其實整理師也會累啊！我們只是比一般人有更強大的意志力，而且習慣長時間與大量雜物相處罷了！身體的疲勞是肯定會有的，但如果整理過程非常順利，心理的成就感與療癒感會超越身體的酸痛，聽起來很神奇，如果你做了一次暢快的斷捨離，或許也能體會到整理師的快樂喔！

一直做決定的大腦

除了身體的疲累可能超乎預期，其實更累的是一直做決定的大腦，因為家中大量物品都需要經過思考來判斷應該留下還是淘汰，這件事也是很辛苦的。而且會淘汰比你想像中還要多的物件，一袋又一袋淘汰的物品出現在眼前，有時會讓人覺得痛快，也可能造成心理壓力。如果你有整理的經驗與概念，這件事情應該嚇不到你，如果準備好了，就去做吧！

Before ⇨ After

堆滿滿物品的空間開始整理，則需要連同外面客廳到大門的空間都先清出一條路，才能方便將必須淘汰的物品移出去。

這次的委託人直接叫了清運車，大概半天就整理完畢，速度非常驚人。

21 東西不擺出來就會忘記，怎麼辦？

Q 東西不放桌面就會忘記，也一直都習慣放在桌上，可是所有的收納方法都是建議桌面要淨空，我到底要如何做比較好呢？

A 一個空間最多一至兩種類型的物品擺出來，其實日常生活中非用不可的物品，沒有你想像得多。

🌿 空間淨空是必要的

客觀的想一想，乾淨的桌面搭配只有抱枕和織物裝飾的沙發，確實比雜亂的桌面、堆滿衣服包包的沙發看起來清爽得多，對嗎？不僅是視覺上的清爽，就連要找東西都會快一些吧？所以你應該明白收納法千篇一律都建議桌面要淨空，因為這麼做真的可以看到好處！

我建議使用頻率極高的物件沒必要為此清空，一天會用到好幾次的東西當然是放在周圍的檯面上最理想，才能避免抽屜開開關關多餘的步驟；如果是好幾天才用到一次的物件，就建議收起來比較好。

🌿 標籤與關聯法不容易忘

不常用的物品不建議放桌上，而是找個適合的位置收起來，當時間一久，難免會忘記物品所在位置，所以推薦大家適時搭配標籤提醒自己與家人，千萬別太依賴自己有限的記憶力，也不要小看標籤的作用，越不常用的東西，就越需要用一些方式提醒自己。除了用標籤提醒，我經常用的方式是「關聯法」，外出才會用到的物品，像是手持風扇、防曬乳、鞋子、野餐墊等，這些都會出現在玄關，因為玄關是整個家距離大門，最接近室外的位置。

自己很喜歡髮帶、髮箍，戴上後勢必需對著鏡子調整一下，所以凡是耳環、化妝品、髮飾類型物品，都收納在鏡子附近，用這樣的關聯法來歸納物品，就不一定需要標籤輔助，因為東西的位置只要合情合理，就不容易忘記。

🍃 失控往往因為物品過量

出門旅遊或工作需要到飯店外宿時，應該不容易發生找不到東西的狀況吧！除了隨身行李之外，沐浴用品在浴室、飲品在冰箱、衣架在衣櫃裡，這就是標準的「在哪裡用就收在哪裡」。

除了物品各就各位，還有一個重點是「量少」，在飯店不會有五把梳子，更不會有塞不下衣櫃的衣服，只要量少，東西再怎麼零散或隨意擺放，其實都找得到，所以越是不會收拾的人，東西就應該越少越好。

B e f o r e ⇨ A f t e r

物品只要蔓延出抽屜與櫃體，勢必會顯得雜亂，數量一多就更容易失控，難以維持。

我們將所有的平面、檯面、地面都淨空，但唯獨化妝檯上有滿滿的東西，因為委託人太容易走進藥妝店，於是刻意擺出來提醒他，還夠用，不要再買了！

🍃 擺出來提醒自己不要再增加

我的確遇過因為委託人東西收起來就會忘記，而將部分的物品擺出來，但是這都只是暫時的，全部擺出來是為了提醒委託人這類型物品還很多，最近都不需要再新增，所以這招只能斟酌使用，評估自己最需要被陳列出來的物品是什麼？

一個空間最多一至兩種類型的物品擺出來，因為如此已經夠雜亂了，切勿一股腦的將所有東西都拿出來。請記得日常生活中非用不可的物品，沒有你想像得多。

22 不想重複性收納的作法？

Q 重複收納很惱人，像是衣服摺了又亂、收好又亂丟，有更輕鬆的作法嗎？

A 挑選好用的家務事幫手是關鍵，當然最理想的是隨手歸位與順手清潔！

🌿 家設置臨停區緩衝一下

大家的認知中，整理師的家應該都很乾淨整齊吧！其實有不少人問我：「你會因為自己是整理師，就覺得家要隨時整齊？」我必須老實說，因為本身處女座與生俱來的完美主義特質，我家當然不會亂到哪裡去，再加上我和另一半都是整理師，對家的要求也理所當然會高標，因為心中有舒服的理想值，也一直享受其中。

我並不會因為這樣就無時無刻把自己逼到喘不過氣，畢竟整理師也是一般人啊！難免也會出現「晚點再收」的念頭。家中有一個小小的平臺，如果這幾天比較想放空，那個檯面就會出現一些「等休假日，再一次好好歸納整齊的物品。」這個緩衝空間就是給自己家的物品臨停區。「臨停」顧名思義只是臨時暫停，等時間到了，這些物品還是得歸位到正確的位置，不會有東西長時間停留在這裡。推薦大家在家中設置一個小小的臨停區或者轉運站，讓自己和物品都能緩衝一下再歸位。

🌿 選擇好用的家電家具

小時候和父母出門逛街都覺得逛家電很無聊，高價家電我更無法理解，一直到搬離父母家，現在也有自己的家務事需要做，才了解大人們買到一個好用的家電能雀躍一整天的心情。我從事整理產業之後，因為有許多機會在委託人家裡見到各大品牌的家電，久了也得到不少真實的使用情報，結論就是千萬不要為了省錢而將就所使用的家電，因為好用的電器真的可以讓你省下非常多的時間和精力，若能力許可就直上最適合自己的型號吧！

我原先是簡單派，堅信最簡單的掃具才是最好用的，但是家裡的貓毛實在不好掃，於是把腦筋動到掃拖機器人身上。當時因為想省錢而買了平價款的掃拖機器

人，後來發現有不少牆邊無法清潔到，還不如自己動手速度快，越用越讓人焦躁。於是思考了很久，認真網路爬文並搭配眾委託人的回饋，終於入手一臺以前絕對不可能買的破萬元吸塵器，我真的完全了解什麼是好用的家電可以帶你上天堂。現在每天拿起吸塵器都好快樂，做家事也變得超輕鬆，這個錢花得實在太值得了。我沒有認為越貴的一定越好用，大家還是得針對個人需求挑選喔！

家事分期做越輕鬆

家事的重複性很高，整理收納與清潔這類事，就是做了可能沒什麼差別，但不做馬上會被發現。家中有生活感但不能失序，所以應該做的事還是得做，但可以用最省力更簡化的方式進行，最理想的當然是「隨手歸位」與「順手清潔」。

只要當下站起來將物品拿去放，就收好了不是嗎？趁污垢還沒沉入太深時就開始刷洗，也比較好刷乾淨，如同減 0.5 公斤與減 5 公斤的差別，越早開始做越輕鬆，讓家事也有分期的概念，這是我從清潔達人身上學到的概念，受用無窮。

人是家電的主要開關

如前面所說，給自己一點緩衝時間，如果能力許可就選擇高 CP 值的家電更佳。如果因為不想洗碗，重金買了洗碗機，但是懶得把洗好的碗收回去，則洗碗機能清洗的空間越來越功能，結果又因為懶得摺衣服，衣服都選擇用掛的，最後又因為太懶惰，根本連將衣服收進衣櫃都做不到。

家事分期，每次做一點，不會太累也不會太難清理。

此刻可以未卜先知，即使你買再貴再好的家電都是白搭。機器不是萬能，機器只是輔助器具，家事最主要的開關依然在「人」身上，機器可以幫忙大部分家事，但是終得靠你收尾，這樣才能達到最佳效能！

23 有沒有一勞永逸的整理法？

Q 我真的很不喜歡整理，有沒有一勞永逸的整理法呢？

A 不想減肥又討厭肥胖，那麼就先瘦下來一次吧！

🍃 有進有出，達到良好的機能平衡

　　我很喜歡把整理這件事比喻成減肥，因為這個說明非常貼切又簡單好懂。你現在住的家就如同身體，吃進體內的東西經由消化後，部分變成養分、部分需要排出，和你帶回家的物品一樣，經過使用後也會消耗一些，需要丟棄或更新，人體和家一樣皆有進有出，才能達到良好的機能平衡。

　　如果前陣子亂吃又不運動，現在的你可能會有多餘的脂肪，如同前陣子生活習慣太差，現在你家的樣子肯定是一團亂。人體和家一樣都需要好好代謝，如此功能才能正常發揮。整理就像減肥，因為可能需要很長時間進行，成效也可能只有一點點，若請整理師服務就比較像是直接抽脂，減重的效果能在短時間內看見。

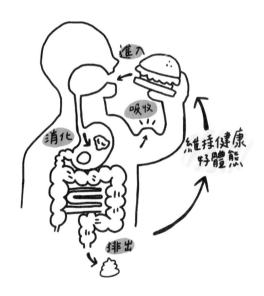

一個健康的身體，需要補充必須營養，經過消化與吸收後排出廢物，才能維持健康機能。

🍃 整理需要配合人生不同階段調整

整理有一勞永逸的方法嗎？沒有適合一輩子的整理，只有適合現階段的整理。大家不妨先想想「抽脂」是一勞永逸的減肥方法嗎？當然不是，復胖也是有可能，必須靠自己的努力做好飲食控制與運動，才是健康的不二法門。

所以「整理」當然沒有一勞永逸的方法，整理好後也需要所有同住家人共同維持，而且會因為不同階段產生不一樣的物品與需求，即使是極簡主義者，也會有想整理目前所有物品的想法，所以整理這件事需要配合人生不同階段適當調整喔！

🍃 體驗過美好，才有更多動力前進

不想減肥又討厭肥胖？就先瘦下來一次！討厭減肥卻又憧憬穠纖合度的身型，懶得整理又做不到減少物品數量，只能誠心建議你先努力的大膽嘗試一次吧！因為「做」永遠比「想」來得有效率，讓自己實際體驗什麼是理想的樣子，原來是那樣美好，你才會有更多動力朝目標前進。

一個有秩序的房子，需要添入必需物品，經過良好的使用後汰舊換新，日常才能一直在軌道上，不失序不失控。

需要如何制定整理的目標？

Q 我家中散亂堆滿物品，請問如何有效制定整理的目標呢？

A 只要整理到每個空間能正常發揮用處即可，其餘的可依照個人的視覺追求。

先讓物品回到正確的位置

如果家中物品是到處散亂的類型，請勿用空間當作目標，因為陽臺會有廚房的東西、客廳會有房間的東西、書房會出現客廳的東西等，如此「整理」會沒完沒了，請先將物品先歸到正確的空間，再依照物品的種類制定個人的整理計畫喔！

抽屜和門都需要最大角度開關

曾在不少委託人家中看過被其他家具擋到的櫃體，或因為雜物太多導致只能開固定角度的門，在我看來這些都不應該發生。門無法完全打開這個好處理，只要該清掉的物品清掉後通常就可以搞定，但是有打不開的抽屜，大多是因為後來又新增尺寸不對或擺錯位置的家具，白白浪費了原本的收納空間。

非常建議大家在購買前一定要先量好尺寸，可以在地上貼紙膠後帶去感受一下空間感，再添購適合的櫃體。

記得住、拿得到、放得回去

如果非獨居，大家彼此整理邏輯又不相同，則很容易發生記不住位置的情況，所以更要避免「無效整理」（見 Q5-P.27），否則整理後仍然容易復亂。

非獨居者務必依照大家的需求來決定物品位置，比如家中有小朋友，則部分物品位置需符合孩子的視線，孩子拿得了也收得回去，大人才會輕鬆；若有行動不便的人，則走道空間盡量寬敞，櫃體上的物件也需要減少，因為所有牆面與櫃體都可

能是家人攙扶行走的輔助；若有習慣較差的家人，更要控制家中物品數量，東西一旦少，就不太需要花時間整理與清潔了

Before ⇨ After

物品堆積到門無法完全打開的儲藏室，買好的層架也沒空間組裝使用。

紫色收納箱裝了換季衣物，層架是現場組裝的，專門擺放男主人的物品。整理完後，不僅門可以完全打開，裡面也有走動的空間。

恢復原本應有的功能

先不論你有沒有強迫症，其實整理家事不用想得太可怕，只要讓每個空間恢復原先的功能即可。讓我們想想臥室的功能是什麼？可以放鬆或睡眠，所以只要整理到可以安穩入睡就達標了；更衣間或衣櫥的功能是什麼？你在這個地方可以輕鬆找到想穿的那件衣服，平時拿取也方便，它就完成任務了。

依照這樣的邏輯思考，房子之所以有牆，就是將不同功能的空間做出隔間，每個空間本來即有適合的功能，所以只要整理到每個空間能正常發揮用處就可以，其餘的可依照個人的視覺追求。有些人喜歡統一收納用品，有些人覺得東西收好就足夠，這沒有正確答案，全看個人的標準。

25 收納設計不佳、放置空間不夠，怎麼辦？

Q 我家空間真的不夠，也沒有足夠的收納櫃，物品根本沒地方收，怎麼整理？

A 減少東西或是增加空間，你必須擇一喔！

🌿 不是丟，就是增加空間

這個問題其實本身很矛盾，就像我常常用大風吹這個遊戲來比喻無效整理一樣，玩家有十位，但只有九張椅子，因為人數多於椅子的數量，大家無論怎麼換位子，永遠都有一個人沒有位子坐。同樣的，當物品的量超過能收納的空間，無論如何改變擺放位置，結果都是一樣的。所以若想要全部玩家都有位子坐的方法是什麼呢？多加一張椅子或減少一位玩家囉！

回到收納上，不是減量物品就是增加收納的空間，我知道如此回答，許多人肯定不滿意，總是覺得整理師一定有其他方法可以解決，但必須坦白的告訴你，其實道理你都懂，只是不肯面對現實吧！

剛住進這個家的第一年，右側位置我用色系相同的推車，擺放「吃進肚子裡」的食品。

第二年開始有新增了小家電，將陽臺擺放的層架搬進廚房使用，將原先的食品相關物件都收進廚房大抽屜裡。

收納非只重視「收」，也可以展示出來

「藏八露二」很重要（見 Q59-P.146），其實呈現一個家的舒適感，最重要的不是收了什麼東西，而是「什麼才應該擺出來」。收納空間並非越多越好，任何事物只要超過可以掌握的數量，都很容易失控，建議先把重點放在這三點。

1 在這裡會使用什麼物品？

你對這個空間的功能設定是什麼？這裡做什麼用的？在這裡會用到哪些物品？這裡的空間和預備擺放的物品數量需要成正比，如果空間和物品數量不對等，則變亂是遲早的。

2 使用頻率最高的是什麼？

需要的東西全數集中此處後，請依照使用頻率分類物品，只要非使用頻率極高的物件都不應該外露，做到這一點，則家裡看起來不會亂到哪去。分類後如果有不常使用的物品，或根本用不到，也可以考慮淘汰了。

3 想擺出來的東西有哪些？

除了使用頻率極高的物件會擺在可見的位置，若空間允許，你也可以思考看看有沒有裝飾性物件需要陳列，適當的用一些軟裝來美化空間，是非常加分的，甚至還能讓空間更有療癒感，也足夠加強空間的使用功能。

依照你選定需擺放在這邊的物件，再來挑選適合的收納櫃體或層架，這樣才能發揮最大效用。

26 已經花錢規劃不適合的收納櫃，怎麼辦？

Q 我找設計師規劃許多收納空間，發現都不好用！現在也不知道怎麼改？又不想再花一次錢，想了解如果已設計不合用的櫃體，還有救嗎？

A 基本上都是有救的，但預防還是勝於治療啊！

🌿 認識自己需求永遠是第一步

整理師真的遇過太多這樣的例子，不少委託人真正住進去一陣子後，才後悔自己當初點頭的設計竟是浪費錢，完全不適合自己。我必須中立一點說這件事，先不管有些設計師的規劃的確讓人匪夷所思，這類型的抱怨其實不能完全怪設計師。因為沒有人比你更了解到底有多少物品，自己才是要生活在這個家的人，什麼設計符合生活習慣，全世界只有你最清楚，更別說有許多人當初表態「設計師覺得好就好」，這根本是挖坑給人跳啊！

當你沒什麼想法的時候，設計師只能夠憑經驗再依照大數據給些建議，若你某種類型的東西特別多、某個習慣與一般人不同，請你一定要主動告訴設計師，多思考且堅持自己的想法，還是聽聽絕大多數家庭的作法呢？只有你才能判斷最適合自己的規劃。

🌿 用的開心順手比較重要

舉我家的例子和各位分享，由於和另一半都是不開伙的人，即使煮東西通常也只是水煮，所以傳統廚房的設計不適合我們，又因為我看過太多廚上櫃有高度問題而導致不方便拿取，所以第一時間就決定不需要廚上櫃。

我也不喜歡被限制煮飯的地點，我希望可以視情況把電磁爐拿到餐桌上或其他地方，所以當初也拒絕在廚房檯面上保留 IH 爐的位置，當時家人長輩們都覺得我

任性，就因為廚房和別人家不一樣。可是事實證明了，我規劃的廚房非常符合使用需求，自己是住在這裡的人，只要用得開心順手最重要，不是嗎？

🍃 只要有心改變都有救

如果你已經擁有難用的系統櫃或櫃體，也不要太沮喪，因為通常還是有救的，整理師最常使用的補救方式就是市售的塑膠抽屜整理箱和一般收納籃。無論是櫃體深度太深、層板間高度過高，都可以用上述方式處理，或者徹底的斷捨離一次，也許因為物品的大量減少，說不定原先困擾的難題都解決了。

我家廚房完全是按照理想與需求規劃，所以沒有上櫃、沒有爐具，完全符合自己的需求，但不一定適合其他人。

🍃 能活動的家具富彈性

以下是個人想法，我認為人的一生會經歷不同階段，一個家在不同時期也會有不同的使用方式，因為需求會改變，所以自己不太喜歡固定式設計。如果我有櫃體的需求，大多會選擇現成的櫃體，尤其現在廠商的設計都越來越百搭，連層架的尺寸都可以客製，想找到適合的風格與需求並不難，還能隨著不同時期的需求去移動變化。如果是釘死的櫃體，需要改變通常會是大工程。

舉例來說，孩子不可能從小到大都躺同一張床、坐同一張椅子、用同一個高度的書桌，所以一直以來，大型家具的選擇，我比較傾向活動的比固定式的更佳。

27 搬家前，需要如何有效整理？

Q 我是租屋族，不定時需要搬家，每次搬家都是超大工程，有沒有輕鬆一點的方法整理？

A 先把東西歸到正確的空間，再來想打包的事吧！

物品少絕對是不二法門

這個作法許多整理師已經呼籲很久了，但是大多數人都做不到，因為有時搬家需求來得很臨時，在時間有限的情況下只能先打包，到了新家再整理，這無可厚非。

如果你是短期都會有搬遷可能的租屋族，建議在日常生活中就應該控制家中物品進出數量，因為你不知道哪天又要開始打包，到那時候再整理會更累，請牢記只要東西少、打包快、入住也快。

物品少的優點

ⓘ 省力	⑤ 省錢
˙打包的時間短	˙用到的紙箱少
˙拆箱定位快	˙搬家車數少
˙打掃輕鬆	˙不用找太大的房子
˙快速恢復正常生活	˙需要的打包防撞耗材也少

打包前先淘汰，不帶垃圾到新家

我和團隊曾接過一個案子，是由搬家公司代為打包，委託人從舊家搬了四車到新家，拆箱時簡直處處是驚喜，廚房用品的紙箱會出現內衣褲，衣物紙箱中出現了

寵物用品，待洗衣物和乾淨衣物全部都混在一起。這些狀況不能全怪搬家公司，而是委託人原先家中就沒有明確的界線，時間又急迫，才會讓物品四散到難以整理的地步，也只好先把東西都打包後再整理。

我們陪著委託人先淘汰不需要的物品，丟掉的東西差不多也可以湊一車了，如果先前就做好物品整理，打包的時間省下來、搬家的車數省下來、請整理師的費用也不會那麼高了。

🌿 物品回到正確空間

有太多趕著搬家，只好亂打包的案例，在這邊更要呼籲大家，平時就要做好物歸原位的習慣，如果做不到，至少東西應該在哪個空間，就別偏離得太離譜。

舉例來說，文具都在書桌上，只是雜亂無章；衣服全部都在更衣室，只是亂七八糟，這都好解決！如果衣服散落在客廳、主臥、儲藏空間，我只能說你辛苦了，先把東西歸到正確的空間再來想打包的事吧！

有時處理搬家案，打開紙箱真的充滿驚喜，不是空間根本沒好好利用，就是有偷渡的東西跑進不屬於它的箱子裡。

這是某一次幫委託人整理時淘汰的物品數量，如果這些東西都要運上搬家車，是不是太冤枉了！

搬家時，如何有計畫性打包？

Q 打包有什麼禁忌？要如何打包比較有效率？需要分區域進行整理嗎？

A 打包整理三部曲：先丟、再包、好上架。

🌿 最應該優先打包的物品

一個家要打包的物件實在太多，所以建議每個人自行準備一個行李箱，將「沒有這項物品會造成生活極大不便」的東西放進去。距離正式搬家日還有多久就放幾套換洗衣物進去，每天要用到的藥物、美妝保養品、手機充電線以及家中特別重要的文件物品等，這些東西都要放進行李箱。

這個行李箱是跟著你走，還睡舊家則行李箱就在舊家，睡新家它也會跟去，建議行李箱自己帶到新家，別跟著其他裝箱物品上搬家車。使用行李箱的用意是為了將找不到會很麻煩的東西另外擺放，否則你要在數十個紙箱中找到一把鑰匙或冷氣遙控器，真的會很崩潰！

🌿 越不常用的先打包

再來依照使用頻率打包，越不常用的優先打包，較不會造成生活上的困擾。請務必將同一個空間會使用的物品放在同一箱，如此到了新家才能省下大量分類的時間。整理不常用的物品時，也可以想想到底有多不常用？是不是沒有這個東西也完全不影響？或許可以在不常用的物品中淘汰出不少東西喔！

🌿 新家過夜前一晚才打包的物品

最後打包的肯定就是最常用的東西，舉例若家中有小朋友，則奶瓶奶嘴、消毒鍋、副食品器具一定是餐餐使用，這種東西太早打包沒好處，一定是擺在最後一批再處理，也要在外箱特別註記清楚，一到新家馬上可以拆箱使用。

每天的洗漱、沐浴用品也是，我會在搬家前一晚或搬家當天才全部放進防水的塑膠籃，一次帶走，以不妨礙日常生活為主要打包原則。

打包物品時注意整體空間動線，別包著包著把自己也困住了，標籤也一定要做好，到新家拆箱時才會快。

我們曾經出動十多人協助委託人舊家打包和新家上架，有時間或體力上困難者，也可以找整理師團隊協助。

過大的紙箱 NO NO

不少人都覺得紙箱越大越好，其實搬家一次，你就會發現越大的紙箱越不好施力，尤其巨大紙箱還放滿沉甸甸的重物，真的是太為難搬家師傅了。

常見搬家公司提供的紙箱尺寸

整理師協助打包時用最多的尺寸通常是中箱與小箱，大箱則需要控制箱內物品重量，才不會造成搬運及取出的困難。有些人習慣搬家前自己到處收集紙箱，也建議八成的紙箱尺寸都可以參考中箱與小箱，視情況使用大箱，若你不介意衣服暫時會有皺摺，可以用大型塑膠袋先替代，方便也省錢。

類型	長×寬×高（公分）
平衣箱	90×50×30
大箱	60×48×48
中箱	48×48×48
小箱	48×33×30
吊衣箱	尺寸另外選擇

搬家後，快速定位的方法？

Q 搬到新家之後，因為櫃體不同，空間大小也不一樣，對於這樣的改變有點不知所措，應該如何把東西重新定位？

A 這種狀況很常見，不需要因為這樣而感到焦慮，先從自己平常會做的事情開始安排吧！

🍃 搬家是轉機的開始

有些人因為空間格局改變，或是沒有沿用原本所使用的櫃體，突然不知道東西應該如何歸位？沒事的，不需要因為這樣而感到焦慮喔！因為搬家說不定是個轉機，是讓原先收納上有不方便處全部改善的契機！

🍃 新家不要再犯相同的錯

每一次的搬家打包，就是最好的回顧時間，什麼東西放太高了，所以一直遺忘而未拿出來使用呢？哪些東西買太多了，兩、三箱的內容物幾乎都是同樣的？衣櫃拉門必須先拉開到最大角度才能打開內部抽屜，這樣的設計會不會讓你犯懶？浴室的洗浴備品放在外面，你會不會忘記備品的正確數量又囤了新貨？藉著打包時，好好檢視自己在這個家的使用痛點，到了新的家就可以先避雷。

🍃 重新思考需要使用的功能

原先舊家主臥有固定式梳妝檯，其實自己都在浴室梳妝，如此新家的主臥是不是可以放棄梳妝檯，讓主臥瞬間空出一些空間呢？在舊家最響往的就是可以在客廳規劃一個角落做伸展運動，到了新家能不能優先將空間留給這個夢想？你從外食族

漸漸成為自煮族，廚房對你來說比以前更重要了，哪些東西你在下廚時最常使用？

如果你是求新求變的人，日常會隨著不同階段而改變的話，是不是非固定式的家具比較適合自己？考慮模組式家具嗎？還是選擇家飾賣場平價的家具暫時使用就足夠？

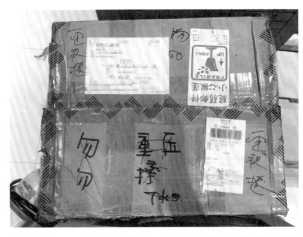

搬家時盡量不要使用太有「歷史」的紙箱，搬家公司可能會搞錯擺放空間，你也可能因此混淆。

這篇問了大家好多好多問題，就是希望你清楚自己平時都做了些什麼，每一個行為需要多大的空間？在這個空間做什麼事？做這些事需要什麼工具？你希望用櫃體收拾這些東西，還是簡便的收納箱堆疊就好？一步一步了解自己所需要的，就能夠找到頭緒。

大型家具重新洗牌時機

如果你還是做不來，不妨找整理師或家飾賣場的設計部人員，甚至是身邊比較有空間概念的朋友應該都可以幫助到你。

我超喜歡搬家的，因為每次搬家就可以將大型家具重新洗牌，也會有機會使用到不同款式的櫃體，搬家對自己來說，就是砍掉重練、新生活的開始！試試看像這樣的想法，會不會覺得搬家這件事變得很值得期待呢？

3

整理師對於
減量物品的看法

整理一定要丟東西嗎？

物品減量後維護成本可以大大降低，

其實不減量也沒關係，但必須有前提，

並不是每個家庭或每個空間都需要減量，

透過這篇，可以檢視你家是否達到需要減量的標準喔！

30 我可以不丟東西嗎？

Q 買的東西價位都偏高，實在很難捨棄，我一定要丟東西嗎？

A 你可以不丟東西，但家中需要有一些條件。

整理師一直逼我丟丟丟

雖然說「斷捨離」很重要，但不是所有的整理師都建議你丟東西，這也是大眾對整理師最大的誤會。當然我們不否認物品減量是有絕對的益處，東西越少空間越多，想維護或清潔都可以省力許多，但在盲目跟風實行斷捨離之前，更重要的前提是，你家有需要減量嗎？

不少人排斥整理師服務，大部分是因為「整理師會一直逼我丟東西！」天啊！事情真的不是這樣的，整理師如果建議你減量，肯定

現在的住處坪數非常迷你，但是我選擇控制物品數量，讓花錢買的房子和物品服務我，而不是犧牲自己的空間和生活品質去維護它們。

是家的空間與物品數量不成正比，假設你希望擁有一座不用換季的衣櫃，就需要將衣服全部收進衣櫃，或是想辦法增加衣櫃空間，不然沒有其他可能，所以你對家中的理想樣貌是什麼，與空間是否平衡才是關鍵！

空間有條件，就可以囤物品

整理師如果服務到豪宅，我們開口建議減量的次數就會明顯下降，大家猜猜看為什麼？因為東西再多，豪宅就是有地方放，所以不減量也無所謂。

當然並非豪宅才有條件不丟東西，如果你家屬於常見的坪數大小，而空間還足夠，則衛生紙想一次囤幾箱也沒問題；如果「斷捨離」在你家不是首要任務，整理師就不會苦口婆心講解斷捨離的概念給你聽。所以不願意淘汰物品，其實是可以的，物品只要有地方放，何必要丟呢？

控制購物欲，不想丟就不要買

有些人的家既沒有空間條件，又不願意減量物品，我也只能殘酷的告訴你，剩下唯一的一條路，就是「不要買」。

第二篇 Q23-P.66 提到，食物進入身體就必須有排出，才能維持健康的身體機能，如果便秘不舒服，請你先停止進食，趕緊處理便秘問題，否則持續的暴飲暴食又不排泄，身體馬上就會出問題。同樣的，房子也是如此，如果真的非常戀物、惜物，請控制物品增加的速度與數量。

物品與情感連結，做一些取捨

我能理解有些人會對特定物品產生情感，當物品與情感發生連結就更不易丟掉，這很常見。其實不需勉強自己，這項物品丟不掉，代表這個物品對你有相當的重要性，只要做一下取捨，犧牲比較能放手的物品，把家中的空間留給你認為更重要的。

想一想什麼事物更重要？

這個思考邏輯並不難，想想哪樣事物更重要，就馬上有答案了。舉自己家的例子，我父親因為腰傷開過刀，一般健康的人能坐的沙發，父親坐起來都是不舒服，所以父母家的客廳必須有一組給健康家人們坐的沙發，還有專屬父親的個人沙發。

可是我家客廳真的不大，怎麼辦呢？他們捨棄的是相較之下，可有可無陪伴多年的大型茶几與電視櫃。當客廳只有壁掛電視與沙發後，空間感依然很舒服，又可以照顧到每位家人的舒適感，相較之下水杯要放哪裡？遙控器放在哪？這都是可以解決的小問題，不是嗎？！

是不是全部丟掉就好？

Q 我嘗試過斷捨離，有時候還會丟上癮，感覺全部丟掉就不用整理了，超級輕鬆啊！這樣算正常嗎？

A 這不是整理師想要的結果，而是想清楚了再丟！

丟錯比不丟還可怕

依我們的經驗，大部分的委託人續航力差不多三小時，三小時之後就開始意識模糊，我們說的話也會開始左耳進右耳出，這時候需留意委託人會開始「亂丟！」因為他們可能突然發現「丟掉就不用煩惱啦！」或是「反正需要時再買就好了！」的想法。不能說這是錯，但這並非斷捨離的真正意義，甚至可以說是大大的誤解。

想清楚了再丟

1 把東西全部丟掉，真的就不用煩惱了嗎？
2 還是只是整理的當下，不用煩惱物品去留而已呢？
3 真的所有東西誤丟了，都是再買回來就可以解決的嗎？
4 有沒有東西想買也買不到呢？

不可否認東西少是有好處，物品減量也能為整理帶來很好的成效。若是為了丟而丟，有一天你可能會後悔莫及，甚至要花更多的力氣再把東西帶回家，當經歷過丟錯物品的後果，很有可能再也不敢淘汰任何東西，從此變得更加小心翼翼，反而是另一種反效果，所以寧可想清楚了再丟，也記得別為了圖一時輕鬆，為了省事而丟棄物品。

「丟」並非只為了不用整理

曾經遇到一個案場，三年期間我到府整理主臥室共三次，委託人一開始的化妝檯和櫃體都擺得滿滿的物品，即使我已經整理過，抽屜還是十成滿，桌面也堆放了不少東西。

第一次到府

委託人説：「請給我一點時間，讓我慢慢消化掉這些保養品。」我也和她説：「依照這個數量來看，這幾年應該都不用再買了，用量可以撐兩、三年沒問題。」

第二次到府

我明顯感覺到數量減少，委託人似乎沒有再買重複性的保養品，但因為數量依然很多，整理完的成果委託人很滿意，但以我的標準來看還是不及格。

第三次到府

再次到府整理時，發現委託人真的利用這段時間一點一點的消化掉所有試用品，也把確定不再使用的品項都淘汰了，桌面和抽屜都還有好多空間，這是我第一次想要拍下這個空間整理後的完成照。委託人也提到：「終於了解自己需要的，就這麼多而已。」只要清楚需要留下的有多少，也就能避免許多沒有仔細思慮過就帶回家的物品。

歷經三年共三次的整理，桌上才真的開始有閒置空間，抽屜也空出兩抽。

🌱 真正的整理必須透過思考

整理必須透過思考來判斷物品的去留，也是根據空間的大小以及當時是否有使用的需求而定，許多書籍都有提到這個觀念。淘汰物品是整理的一個過程，也是一種讓我們得到理想空間的手段，而非結果。若毫無目的丟東西，我認為只能算是發洩的一種吧！等發洩完了回過神來，可能還需要把必須品再買回來，又何必呢？

談整理必定會牽扯到「丟東西」、「減物」、「斷捨離」這些話題。其實整理的精髓從來不是丟了什麼，而是透過整理，你留下了什麼，這才是整理最美好也最能認識自己的地方。

說服家人捨棄物品的方法？

Q 家人的東西早該丟了，我怎麼勸都不肯丟，有好方法可以說服家人嗎？

A 千萬不能把你大膽的想法動到別人身上，勸你先動手整理給他看，進而影響對方！

 ## 東西重不重要，不是你說了算

我經常在講座尾聲時詢問大家，聽完了有沒有被燒起整理魂啊？回家後是不是很想把家人的東西丟掉？說到這裡，大家總是笑出聲來，會有這樣的想法其實不意外。因為人只會對自己的物品產生感情，你認為很有故事、很寶貴的物品，在其他人眼裡可能就像垃圾一樣，所以總是想把別人的東西處理掉，也是可以理解的。

大家將心比心

雖然可以理解，但是不行這樣做啊！先退一步，如果你只是旁觀者，這些物品有什麼特別呢？並沒有，物品之所以有理由被留下，是因為持有者賦予它特殊的意義，它不僅僅是物品本身。

請大家將心比心，自己認為很重要的物品，在其他人眼裡也許只是多餘的物件，如果你不喜歡東西被擅自丟棄，也請別如此對待其他人，尤其是家人，肯定很傷感情。

最好的方法就是做給他看

說真的，不整理家裡會怎麼樣嗎？若以不影響居住安全以及身體健康的前提，似乎也不會怎麼樣，日子照樣過。如果有一種魔法可以在一瞬間讓你的家變得乾乾淨淨，我想任何人都會願意吧？沒辦法！整理這件事本來就需要花費一些代價，靠著時間、體力、精神或者金錢，才有可能換來一個還算滿意的環境而已，所以很多人逃避整理，敷衍著過日子。

應該都聽過「笑會傳染」？當一群人中只有一個人笑，就一定會有人跟著笑，只要笑得夠久，最後大家都會不小心笑出來，越笑越開心。由此可見，笑會傳染，但也需要有人先開始笑。第二篇 Q14-P.48 提到「沒有人開始做，就無法影響人。」這句話在太多家庭得到驗證，再苦口婆心，都比不上一個空間真實改變的影響來得大。

長輩衣服爆量的更衣室

前面提到過的委託整理案（Q14-P.48），當時約得很急，因為委託人說媽媽好不容易答應整理師來協助，希望在媽媽反悔之前趕快預約到府。我們從中了解後，原來媽媽長年都很抗拒整理，直到親眼看見家中其他區域煥然一新，真實的改變就在眼前，這才讓媽媽起心動念要整理更衣間。

這個包包我背到現在超過二十年，有洗不掉的污漬、也脫線了，依然很喜歡背它，只因為這個包包對自己意義非凡，但在其他人眼裡早就應該丟了吧！

可能因為不想浪費付給整理師的費用？或者家中其他區域真的起了很大的影響，我們原先很擔心從來沒有丟過東西的媽媽，甚至衣服還大爆量，可能不願意淘汰太多，一整天也不一定能處理好。結果是我們預設立場了，媽媽當天異常的乾脆，自己都一直唸著：「真的不會再穿了，留它幹嘛？」大量的衣服淘汰後，女兒立刻開車載去捐贈，沒想到我們各司其職，只花半天就完成了，到後來還聽委託人說媽媽很滿意現在的更衣室。

彼此互相尊重私領域

如果真的很想改變你的家人，請做給他看吧！先從自己的空間開始，讓對方眼見為憑進而影響。如果這樣還無法改變，我只能奉勸你，個人的私領域空間劃分清楚，彼此都有個互不干涉的空間，如此你也會放寬心些。

33 家人總是說東西還新的，為什麼要丟？

Q 家人常常因為價格或其他因素先購入物品，其實不是最理想的，等到買新的，又說舊的也堪用不想丟，導致家裡東西越來越多，怎麼辦？

A 除非急著用它，否則請不要將就，你會後悔莫及！

永遠不要因為價格而選擇物品

貴的東西就一定比較好嗎？我反而會選擇價格與價值相對等的物品，但這個想法也是一直到接近三十歲時才慢慢開始落實徹底。因為以前自己也會掉入價格的圈套裡，在兩雙鞋子之間，選擇較便宜一些的那雙。

省一點是美德，但是當你是有條件的勤儉，說不定之後會花更多呢？因為價格而選擇了便宜的那雙，踩久了鞋跟開始磨腳，走不了太遠就開始雙腳酸痛，此刻才發現這雙鞋子便宜的原因；而那雙貴一些的鞋子就貴在材質更好，走起來更舒服。原先是想省一點錢，最後反而兩雙的錢都花了，因為我還是回去把貴一點的那雙也買回來，然後開始悔不當初。

把錢花在真正需要的物品

這種事情發生幾次之後，我就開始冷靜面對物品的價差，不再因為任何原因將就。感情中有句話「有條件的喜歡，不是真正的喜歡。」也可以套用在購買物品上，漸漸的學習精準購物，讓自己不再後悔花錯錢，把錢花在真正需要的東西上。

每個人都值得使用好東西

「將就」只有在一個情況下會稍微顯得正向一點，就是「有，總比沒有好。」除此之外，無論從各方面解釋，都代表不是理想的狀況。如果不是情況緊急、不是沒得選擇，請不要將就任何事物，活著已經很辛苦了。如果連家中使用的物件都還需要將就，會不會太委屈自己呢？

我一直是這麼覺得，這麼努力的生活、工作，我值得用最喜歡的東西，也願意花時間、花錢去投資每一個出現在家裡的物件，希望所有帶回家使用的東西，都是自己精挑細選後的決定。

適當等待可以發現命定款

曾經有一年多的時間，搬完家後家裡的碗盤少得可憐，常常會需要想辦法把所有能用的容器都拿來用，只因為我一直沒有看到心儀的碗盤款式，也很清楚如果隨便挑選來頂著用，可能要一直用著自己不太喜歡的碗盤很久很久，也許到最後用著就習慣了，等到真正看到喜歡的款式時，其實也不缺碗盤了。

這一切在我腦中沙盤推演後，會發現這不是我要的！不想連吃飯的碗盤都要將就，於是一直忍著沒有買，也更加努力尋找自己喜歡的樣式。皇天不負苦心人，一年後我找到心中命定款，當下一次買齊，一直用到現在，當打開抽屜看到碗盤們整整齊齊亮相，還是覺得這一切的等待與忍耐都好值得啊！

🌿 不將物品好壞當作丟棄標準

判斷物品到底要不要留？最大的迷思就是以它們的好壞當作依據，只要還能使用就不丟棄，那麼家裡根本沒幾樣東西可以丟掉啊！決定物品要不要留下時，請以自己為主要考量，以下這些問題，可以常常想一下，別管物品的好壞，使用它的人才是最重要的！

1 最近的你會用到這個東西嗎？

2 你上一次使用它是什麼時候呢？

3 你家裡有沒有性質重複的物件？

4 它被你遺忘了很久嗎？

5 如果壞掉了、誤丟了，會讓你想要再買回來？

6 這個東西對你來說，是不是沒有也不會怎樣呢？

這些是我的命定款，有時候從便利商店買吃的回來放在漂亮的碗盤上，心情都不一樣了！吃的是味覺，用的是視覺享受，兩者都很重要啊！

如何判斷物品應該淘汰？

Q 我不知道如何判斷什麼東西應該淘汰，什麼可以留下？

A 當你不知道什麼該丟，不妨先挑出不能沒有的物品，整理的成效會更好喔！

🍃 聚焦在非留不可的東西

　　淘汰物品是整理過程中的手段之一，如果你的空間與各方面條件允許，其實淘汰物品並非必須，與其一直煩惱著不知道如何判斷物品丟棄是否，不如聚焦在想保留下來的物件上，成效會更好。

　　一個物品被淘汰過程中所需的時間不一定，有的人幾秒、幾分鐘就能決定，有些物品則需要繼續擺著三、五年，才會真正被淘汰。如果你先把「淘汰」這件事放一旁，專心的把「非留不可」的東西挑起來，應該會比較快喔！大家可以問問自己，或參考如下詢問，是不是很熟悉的場景和對白啊！

必留的物品和原因

1 無論你換到什麼房子、移居哪個國家居住，你一定帶上的東西是什麼？

2 你的火災聯想是什麼？（火災聯想見 Q10-P.38）

3 遇到上述的情況下，你小學到大學的成績單，依然非留不可？

4 以前服務過的單位之通訊錄，一定要留紙本？

5 去遊樂園玩的票根，真的很重要？

6 那件瘦下來才穿得下的衣服，如果發黴了還要放在抽屜裡？

🌱 什麼都留就是自虐

　　家中堆滿不需要的物品，就像與不適合的對象相處般，都是自虐的一種。大家經常在做決定時，處於理性與感性之間拉扯，明明理性的自己很清楚這個物品應該淘汰，但是感性的自己可能因為各種原因而暫時放不下。其實淘汰物品和分手很像，最重要的就是要乾脆，否則只會歹戲拖棚，最後呢？互相折磨下依然走向一樣的結果。

　　如果感性的你目前做不了決定，我也不建議你逼迫自己，畢竟讓自己有覺悟才能帶來更好的整理體驗，可以試試先把這些搞不定的物品集中，找個地方放它半年，時間到了再來想想是不是真的非留不可。

你的心已經不在

　　親愛的，當我們知道另一半說想要暫時冷靜保持距離時，他九成九是想分手了，所以如果你想要和某些物品暫時分開，就要理解，其實你的心已經不在囉！

Before ⇨ After

委託人從事網拍，有規劃工作室的需求，這間房間堆放雜物真的很可惜。

只留下與工作相關物品，其中一面牆擺放掛衣架，其餘的全部移除，不僅解決雜物的堆積問題，還省下租工作室的錢。

35 如何無痛淘汰衣物？

Q 衣櫃空間有限，但又很愛買，有沒有比較不痛苦的淘汰方式？

A 先從沒在穿的開始，因為沒在穿就等於只是占用寶貴的衣櫃空間啊！

未來變瘦可以穿的衣服先丟吧！

在我的講座中，都會提到「變瘦之後可以穿的衣服，表示這些都是可以丟棄的第一批衣物。」大家聽到這裡常常暗自竊笑，不論男女生的衣櫃，都會有幾件覺得自己變瘦可以穿的衣服。

請問這些衣服放多久了？認清現實吧！若是真的瘦下來，我保證你會想買許多新衣服犒賞自己。這些「夢想」再放下去就變成「癡心妄想」，所以請先把衣櫃的空間留給有在穿的衣服，不然就請你動起來，用行動力證明自己的衣櫃空出這些空間，是為了擺放你的「夢想」，並不是浪費空間。

沒在穿等於占用衣櫃空間

很愛買、衣櫃空間又有限，又要不痛苦，這裡提供幾個方法給你。直接說結論，就是挑出根本沒在穿的衣服，因為沒在穿就等於只是占用寶貴的衣櫃空間，就先從這類衣服開始吧！

衣架反掛

這是以前我在網路上看過的其中一招，覺得很有用，分享給大家。一般大家在掛衣架都有個相同的習慣方向，會將衣架開口處向衣櫃內部掛上吊衣桿。如果你想要比較無痛的挑出需淘汰的衣物，則請一口氣更改掛衣架的方向，將衣架開口向自己，用一個你很不順手的方向掛衣服，這個動作只需要做一次就好，全部的衣架方向都變成自己不習慣的樣子之後，就可以正常的拿取衣服。

當你用習慣的方式掛回去，久而久之會發現，有在穿的衣服，衣架都會回復成正常的方向，而依舊用很奇怪的方式掛著的衣服，就是從改方向到現在一次都沒碰過的衣服。這些衣服發生什麼事？是特殊場合才會穿，所以遲遲未穿到？還是同款式的衣服太多，一直輪不到它？又或者沒有很想拿下來穿呢？如果你想清楚了，表示這些衣服也是可以優先淘汰的。

大部分人都習慣如此順衣架，試著反掛看看。

一口氣全部反掛，之後回覆成正常掛法，如果衣服一直持續被反掛，表示都沒在穿喔！

衣櫃零孤兒運動

這是我從 2020 年左右開始嘗試的方式，不曉得有沒有人也如此做過，總是在換季時開始進行「衣櫃零孤兒運動」。

舉例來說，如果有 15 件厚的長袖上衣，會強迫自己每一件都需要穿過一次之後，才能有衣服被二次寵幸；如果有衣服在其他衣物多次得寵後，依然連一次都不想穿上，接下來我就會謹慎思考這件衣服是出了什麼問題？是又變胖穿不下嗎？還是退流行不符合今年的審美標準？

總之，利用衣服被穿的次數，也可以快速辨認出哪些衣服是真心喜歡，哪些是食之無味又棄之可惜的。

Q 廚房東西很多，可是幾乎都用得到，好像沒有可以丟掉的物品？

A 確定每一樣都非留不可？全部排開逐一檢視，你一定會發現過量或重複的物品出現。

 廚房會出現的物品

廚房意指可以在這裡處理食材與烹飪的空間，所以會出現的東西不外乎食材本身、收納食材的道具以及烹飪的工具、收納烹飪工具的整理箱，或者盛裝菜餚的容器、收納這些容器的道具、清潔烹飪櫃體的清潔工具等，除了這些，還會有其他東西嗎？

廚房用品就像雜貨店

廚房通常會鄰近後陽臺，陽臺與廚房常常成為彼此的延伸空間，廚房太小可能將收納延伸到飯廳、少用的鍋具跑去陽臺、陽臺的曬衣夾跑進廚房，或者是廚房上櫃空間不夠、乾貨只好放在飯廳旁的層架上，這類情況比比皆是，所以廚房有可能出現許多不同種類物品，又或者說，廚房的東西也可能分散到其他空間。

物品進行最適合的安排

當然後陽臺的東西就應該到陽臺、飯廳的物品只能控制於飯廳，廚房的器具就應該留在廚房，這是最理想的情況。實際上空間是否受限，到底有沒有條件實現理想，的確有無法勉強的時候，所以只能依照現實情況做最適合的安排。

我與小鬍子評估過家裡最多能容納四位朋友來用餐，人數再多最好是外出比較有聚餐品質，所以我們家的餐具數量控制二至六人。

🌱 食品過期過量吃不完

　　首先可以被淘汰的不外乎過期食品，其實過期食品不一定都無法下肚，有些只是超過了最佳賞味期而已，不見得對健康有影響。

　　過期食品的數量多嗎？建議可以先將所有過期食品集中起來數數看，問問自己有辦法在短時間內吃完嗎？如果數量真的過多，剛過期一、兩天還可以吃，但過期太久的食品，再放下去只是更糟糕，就直接淘汰吧！

🌱 鍋具過量功能重複

　　廚房東西是否過量，可以從家庭人口數與在家下廚用餐的頻率看出來，不少小家庭都會出現超過二十雙筷子湯匙的情況。更有許多家庭熱愛買鍋，不同尺寸鍋子全部排開後，連自己看到都傻眼的程度。

　　當你仔細挑選後，會發現大多數鍋子的用途是重複的，而最常用的鍋子也只是個位數，如果現代常見的一字型廚房空間有限，更要注意物品數量，收納空間很珍貴，不要收一些根本用不到的東西。

一家三口，你覺得需要幾個鍋子才足夠？

許多鍋具全新未開封，廚房空間有限，下次看到美麗的鍋具，千萬別太衝動買回家喔！

客廳物品應該如何淘汰？

Q 全家人不少物品都出現在客廳，種類繁雜，不知道如何淘汰比較好？

A 首先把個人用品先收走，只放大家會用到的，你就會發現客廳需要的物品沒有想像那麼多。

 ## 客廳使用功能多元

客廳是一個家的門面，需要顯氣派或特色，則客廳扮演了很重要的角色。有的客廳需要上鋼琴課、有的客廳一大部分是孩子的遊戲空間、有些客廳因應疫情需要視訊上課或家長必須在此居家辦公，所以客廳的使用功能非常多元。

家的主要活動中心在客廳，會出現的物品真的不盡相同，想想看，依照你家客廳的使用功能，在這裡進行什麼活動，就會出現什麼樣的物品，所以整理前應該要思慮一下自家客廳的主要功能？有什麼事情必須在客廳進行？又有哪些物品不放在客廳，就會造成生活上的不方便？以此來決定哪些東西應該放在客廳，使用頻率很高或具加分的裝飾品，才需要外露，其餘的建議收進櫃體裡，如此可以讓客廳顯得不雜亂。

私人用品先收走

客廳是公共空間，而非私人空間，公共空間整理的最大原則就是不出現私人物品，這是家庭必須溝通好並且一同遵守的公約，不然主要整理者會困擾。做到這一點其實不難，只要每天晚上睡覺前，大家將各自使用的物品收回自己的房間即可。

舉例來說，如果家長幫忙將所有人衣服都摺好，則請每個人將自己的衣服收進衣櫃裡；如果拿到客廳看的書看完了，就自己收回書架上。每個人將自己的部分做好，主要整理者真的會輕鬆很多。

🌿 常出現於客廳的物品

　　依照到府整理至今的經驗，除去裝飾擺設類型，我們將最常見被委託人規劃擺在客廳的幾樣物品，列出來給大家參考。

醫藥用品

　　可以細分為外傷用藥、口服藥、其他輔助用具，不少人臥室內也會放一些使用頻率高的醫藥用品。

光碟

　　Switch、Wii、PlayStation 等遊戲主機、相關光碟、幼兒教育 VCD，如果使用頻率高的醫藥用品。

全家人應該明確知道位置的物品，都需要收在客廳，而且方便所有人拿取。

工具類

　　常見會出現在工具箱內的物品、備用延長線、電池等，如果擔心家中孩童安全問題，可以移動到其他位置，或孩童不會自行進出的空間。

掃具配件

吸塵器配件、冷氣或除濕機濾網，如果已過保固期間，建議可以將大型紙箱回收了，細部零件用夾鏈袋裝起來即可。

保證書

電器、家具的保證卡與說明書，說明書網路上都有電子版，過保固的保證卡建議回收。

文件

家中重要文件，例如：如保單、契約、個人成長證明，這類型文件也常被收在臥室內。

書籍

只要按照同系列擺放，都不容易顯亂，如果習慣在客廳閱讀，就可以放在客廳。

🌱 最佳時機拿取使用

以上提供大家參考，實際物品的擺放位置依然需回歸到自己的生活習慣規劃，才最符合需求，在哪裡用的物品就收到哪個空間。

客廳屬於公共空間，家中有些物件必須是全家人都認識且知道的位置，像是「醫藥箱」，所有居住者都必須清楚的東西，建議都收在客廳，才能在最佳時機拿取使用。

38 儲藏室東西都會用到，可以怎麼丟？

Q 家中有多出來的房間當作儲藏室，什麼類型的物件可以先淘汰？

A 儲藏室什麼都可以丟，只有層架(層板)要留著！

🌱 儲藏室是家中凌亂的起點

家中有一個儲藏空間是什麼感覺？當然是很開心啊！反正想要暫時眼不見為淨的物品都可以放進去，就是這種一時的輕鬆，一旦積少成多，後續反而需花更多倍的心力才能處理。仔細想想，還不如當時花一、兩分鐘就順手歸位，現在也不必面對這種「大場面」，對吧！

儲藏室容易變成黑洞

家中若有多餘空間打造成儲藏室，確實可以將許多囤貨、季節性用品、保存品歸納在這區，但是儲藏室空間如果太大，會像黑洞一般，讓人在無意識中將許多東西往黑洞裡送去，真的很可怕喔！儲藏室的空間不宜過大或過小，也盡量不要選擇窄長的空間當作儲藏室。

善用輔助用具層架

儲藏室最重要的輔助用具就是層架（層板），過於窄小細長的空間放進層架後，幾乎是無法行走的狀態，非常不利於拿取，最後東西只會堆放在靠近門口處，因為只有這樣才拿得到，而深處空間，則在不知不覺中被「封存」，永不見天日。

家中即使有層架，還是要注意物品的數量，以免回神時，已經擋住大部分物品的動線。

🌿 儲藏室放置的物品

　　通常放在儲藏空間的物品大約分成四種：生活消耗品的囤貨、季節性物品、保存紀念物品、其他物品。透過如下說明與檢視，什麼樣的東西應該淘汰呢？按照下述的使用頻率與物品重量重新分類過後，你自然就會找到答案。

生活消耗品的囤貨

　　平時家中持續使用的物品，多數人只要空間足夠都習慣一次多買一些，這類型物品因常使用，所以需要不定期補充，適合放在最好拿取的高度位置。例如：衛生紙、尿布、牙刷、牙膏、沐浴用品、清潔劑補充、香氛類等。

不只是備品，一般用品也可以按照使用頻率區分物品的位置，讓常使用的東西待在最容易拿取處一定沒錯。

季節性物品

　　平時不一定常用，但是時間到了就會需要用到的物品。像是冬天的暖氣、夏天的電風扇、露營的用具、出遊時的行李箱、端午才會使用到的蒸籠、小孩再過幾年才會玩的桌遊等，這些東西可能久久用一次，但是需要時必不可少，可依照使用頻率以及重量分配在儲藏空間裡的高處及深處位置。

保存紀念物品

　　基本上沒特定事件發生都不會使用的物品，但通常因為珍貴性、重要性、情感連結程度會被保留下來，這類東西不太需要考量拿取方便的程度，只需做好標籤並

收好，記得住、找得到、拿得出來即可。所以也不一定要收在儲藏室，家中其他空間還有餘裕也可以擺放。

其他物品

其他沒有被提到的物品，不代表無法收在這，請依照自己的生活習慣與需求決定。像有些人住在大樓裡，家中玄關太小，又不方便將嬰兒推車放在門外，那麼儲藏室就可以派上用場。

層架垂直收納

一個空間擺放的物品若都是從地面開始堆放，只要堆疊得越高，下層使用率就會越低，而最快速的破解方式就是使用層架，讓空間從平面堆疊直接升級到像是分出樓層的垂直收納。

每一層放置的東西也不會影響到上下層的鄰居，如果層架高度間隔較高，只要使用可堆疊的收納籃輔助，則不必擔心物品浪費空間了。

Before ⇨ After

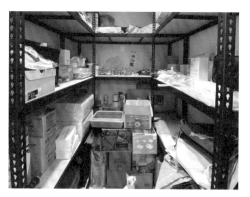

儲藏室未整理前東西零散不易找，而且層架間距過大、擺放物品偏小，如此空間容易浪費。

將雜物移除後，重物向下放，不常用的物件往上放，中間黃金區域留給使用頻率高的物品，例如：衛生紙補充包。

39 斷捨離很多次，好像沒效果？

Q 斷捨離很多次，也真的淘汰了不少東西，但不能丟掉的東西仍然非常多，尤
其是紀念品更是無法丟掉，我只能換更大的房子才有救嗎？

A 斷捨離需要練習，很難一步到位，多練習幾次，時間到了就會改變。

🌱 發現丟不掉，就不要再增加物品

「念舊」或「惜物」本來就沒有錯，只是這個議題時常被斷捨離相關話題衍生
成對立面。我的想法一直都是物品帶回家就要好好使用，不想丟就不要丟，既然家
裡東西已經夠多，就別再增加新品項，如果確實將物盡其用，那麼東西耗損後丟棄，
何來浪費之說？

無法好好收納和偽需求

讓人產生「浪費」的觀感，都是那些根本沒想清楚就隨意增加家中物品，又因
為無法好好收納和偽需求，最後只好花時間將多餘雜物處理掉的人。

🌱 物品有灰塵，回憶珍藏心中

曾看過一個影片，是以極簡出
名的日本網紅羅蘭到一位 Youtuber
家協助他斷捨離，當 Youtuber 展示
自己因點閱率而拿到的 Youtube 獎
牌時，羅蘭第一時間要他把獎牌丟
了，因為即使沒有這個獎牌，累積
到目前的成功是不會改變的。

右邊這籃是我的紀念品，有保存意義又不太有實際用處
的東西，偶爾會輪流挑幾件出來擺設，保留的紀念品數
量和我家貓咪用品的數量差不多。

當然丟掉獎牌對 Youtuber 來說太過衝擊，而後續整理到其他 Youtuber 曾出國帶回來的紀念品時，羅蘭又說：「需要留著東西才記得的回憶，根本不叫做回憶。」是不是說得有幾分道理？

我當然也有紀念品類型的物件在家，不過數量確實不多，大約一個中型收納籃就可以全部收進去，其實紀念品會隨著人生閱歷的增加，反而不一定需要留下。

時間和空間充裕，可貴的富足

說到這個，還是空間與物品之間的平衡，如果家裡閒置空間足夠多，擺再多紀念品都無妨，但是如果像我一樣住在小宅，就得懂得生活與回憶之間的取捨，到底哪個對你來說更重要，就把空間留給它。

現代人家中空間越來越小，當空間有餘裕會感到舒服的，而物品數量在自己掌握之中，不需要花費過多時間維護，你獲得的時間更是珍貴。當時間和空間都很充裕，就是最難能可貴的富足。

斷捨離練習，進到家裡都是必需品

人真的會改變的，所以此時此刻對你來說不可少的物品，無需因為丟不掉而讓自己陷入掙扎，某天突然想通，轉手就扔了也說不定。「斷捨離」需要練習，很難一步到位，有些東西第一次整理捨不得丟，第二次整理還是被留下來，第三次再整理時，也許會問自己，我留這個東西那麼久幹嘛？！

藉由整理家裡是認識自己的最好方式，每一次的整理都會更清楚個人的需求，從而加強自己精準消費的能力。慢慢的，家裡也不太需要時常丟東西，因為會進到你家裡的物品，都是必要的。

40 淘汰物品有建議的順序？

Q 我已經下定決心丟棄很多東西，雖然從超級亂進化成有點亂了，為什麼家裡還是很亂？

A 重點是你要趕緊處理不要的物品，請勿一直堆在家中待處理喔！

丟東西不是唯一解法

家裡會呈現凌亂狀態，並非只靠丟東西就可以解決，會持續混亂，除了可能是物品過量之外；也或許是動線規劃不佳，導致收納路線太麻煩而懶得放回原位；也有可能是櫃體不足，造成外露的物品太多，這些都有可能是凌亂的原因。

一昧的想著要丟什麼東西，不一定可以根治凌亂。如果確實是物件過多，已經到你難以掌控的數量，請先停止增加不必要的物品，再開始思索家中哪些物品早就不該存在。

讓心態改變最大的物件先處理

我曾經到一位律師的住家整理，在淘汰的階段他幾乎沒有花太多時間猶豫，我好奇他是本來就很乾脆，還是有什麼其他原因？這位律師告訴我，他一開始也是很猶豫，但是當他心一橫把看不順眼已久的沙發清掉之後，在處理其他物品時，他總會告訴自己：「我連沙發都丟了，其他東西還有什麼不能丟的？」

是啊！一組好的沙發買起來不便宜，真的要處理掉時也需要花很多力氣與時間成本，可能需要人手協助，需要先聯絡相關單位，甚至還要花錢，如果連這樣的東西都可以處理掉了，對其他的物品是不是更容易下決定？

需要淘汰物品卻卡關，怎麼辦？

　　提供一些方法給大家參考，你可以試著做做看，應該會有意想不到的結果。

1 成本高的先淘汰，其他東西的抉擇都非難事。

2 越大型、越擋路的物件越先處理，讓家中改變一瞬間就看得見。

3 自己看了最煩心的物品先說再見，清除眼前雜物心情也會馬上轉變。

4 對自己最毫無負擔的物品先丟掉，反正本來就可有可無。

篩選過程中留下什麼？

　　重點非淘汰了什麼，而是篩選過程中留下什麼，又為什麼要留？至於被你選擇需要分手的物品，請快速找個黃道吉日，趕緊把東西送出你家門才是最重要，堆太久完全沒有好處喔！

B e f o r e　⇨　A f t e r

你們能想像從 Before 到 After 淘汰了多少東西嗎？答案在 Q27-P.75。

空間真的是最貴的，請有意識的讓空間為你服務，而不是你為物品服務喔！

Chapter

4

臥室與衣櫃空間
的建議

私人的空間當然以自己喜歡為主，

只需要掌握好整理的準則，

打造出你心裡最舒服的臥室才是重點。

如果你的衣櫃不大、衣服又多

更需要翻閱這篇，至少有某個方法適合你，

可以動手試試，小小改變也可以帶來驚喜大變化！

41 臥室應該如何規劃？

Q 聽整理師說要按照自己的需求規劃空間，我的生活作息與一般人差不多，不太清楚何謂自己的需求與如何規劃好呢？

A 臥室的最基本功能就是放鬆與休息，一切都可以選擇讓自己感到舒適的方式進行規劃。

🌱 空間有限，臥室不需要太大

截至目前為止，我已經服務超過五百個家庭，當然豪宅與好窄都會遇到，這裡以多數常見家庭空間來討論。個人認為如果有能力可以規劃自己家的格局，請多留一點空間給公共區，像是建商喜歡附設的窄小一字型廚房、客廳幾項常見大型家具擺完後就沒有通道等，這些都是經常看到的狀況，也是多數人的困擾。

看到房間太大太空，有些人睡覺時安全感顯不足，容易在無意識中開始堆積行為，最後溫馨的感覺沒有，也只得到擁擠壓迫感。

臥室功能設定簡單，幾乎不用費心思，靠一點軟裝提升舒適感即可，像是蓋起來舒服的棉被。

🌿 客製化打造自己的臥室

　　請針對以下全部問題先思考一遍，才會知道自己的臥室會是什麼樣子，需要什麼功能以及多少空間。

思考臥室空間細節

1 可以想想自己希望在臥室獲得什麼感受？需要昏暗還是明亮光線？

2 你喜歡什麼尺寸的床？單人、雙人、king size？

3 衣物會收在臥室嗎？有幾個人的衣服？各別的比例又是如何？

4 你的衣櫃需要設定多大？需附設穿衣鏡嗎？

5 穿衣鏡需設置在衣櫃區還是玄關？在房間的鏡子會不會正對著床？

6 你有任何風水上的考量，或長輩交代的習俗必須遵守嗎？

7 臥室需要擺放梳妝檯嗎？還是比較常在浴室保養化妝？

8 還會希望在臥室進行哪些日常活動呢？像是看電視或看書？

🌿 想要的功能規劃到心坎裡

　　臥室是很私人又私密的空間，建議大家不需要被常規所綁住，因為臥室的最基本功能就是放鬆與休息，所以一切都可以讓自己感到舒適的方式進行規劃。在規劃之前更重要的是了解自己的需求，才能真的設計到心坎裡。

臥室就應該圍繞著四個字規劃，「舒服」與「放鬆」。

42 臥室空間夠大，可以放其他東西嗎？

Q 我的房間滿大的，還有很多空間可以運用，想要把一些物品拿來房間放，卻不知道如何規劃？

A 最好不要，這個界線一旦被突破，未來只要其他空間放不下的物品，都有可能也「暫時」先住進臥室。

臥室用途必須明確簡單

曾經到府服務一位委託人，因為工作性質造成他家中的藏酒非常多，客廳原有的收納櫃體幾乎能放置的都用盡了，於是把腦筋動到臥室。他詢問：「房間還有空間，我想把剩下的酒收進房間，可以嗎？」看此書的你們，覺得這個想法好不好呢？

如上題 Q41-P.108 所提到，臥室應該朝自己感到舒服的方式規劃，而這位委託人並沒有睡前小酌的習慣，則非相關物品當然不要出現在臥室，如果此刻臥室因為酒而破例成為儲藏空間，這個界線一旦被突破，未來只要其他空間放不下的物品，都有可能也「暫時」先住進臥室，這個暫時是多久？這個空間有沒有可能被慢慢擴大，我就無法肯定了。

珍藏品當作擺飾

假如情況有點不同，酒對這位委託人來說，是看到會開心的東西，就像是珍藏品一樣，如果拿個幾瓶精選當作擺飾，放在臥室看了心情會很好，我也會舉雙手贊成喔！

分類及篩選完成後，房間變得很大，之後分房睡或者將嬰兒床換成單人床皆可，這就是空間足夠的好處。

🍃 預留人生不同階段需要的空間

　　雖然我提倡的是臥室不需要太大，夠用就好，仍然需要提醒各位，由於每個人都有不同階段的人生樣貌。臥室需要用到的空間不會比公共空間來得多，也不代表越小越好，仍然需預留一些空間和走道，來應變未來可能會有的計畫喔！

哪些情況會使用到不同範圍？

1 獨居變同居，單人床可能會需要換成雙人床。

2 夫妻變小家庭，可能頭幾年房內需要擺放嬰兒床。

3 小家庭變大家庭，人口數和房間數都需要重新安排。

4 可能養寵物，寵物會同床嗎？

5 會不會有意外狀況，暫時需要用步行器復健行走？

委託人目前和孩子同房，其實平時使用到的物品很單純，只是一個鬆懈後就不小心越來越失控，經過整理分類後，空間變多了。

43 瓶瓶罐罐如何收納？

Q 化妝檯桌面擺滿許多的保養品和化妝品，手常常不小心一揮就倒了幾瓶，想知道如何擺放比較好？

A 使用頻率高的物品才放置檯面，矮的用收納盒、高的用收納籃歸類。

🌱 使用頻率高的放桌上

化妝檯整理的邏輯和任何空間都相同，少用的就收起來，使用頻率非常高的物品，則放在檯面上，如此不會浪費太多時間在開開關關。所以必須先搞清楚自己常用的固定班底是哪些？確定好數量以後，再評估需不需要買收納用品喔！

🌱 比拳頭小的收到盒子

化妝品有不少眼影、腮紅、定妝粉類等，幾乎是小小扁扁的，尺寸通常不會超過拳頭大，這類型用品可以收在小盒子裡，如果你剛好都是喜歡同一個品牌，那麼收納起來會很整齊又賞心悅目。保養品中的乳液、乳霜若是小罐裝，也可以放入小盒子。

若化妝品、保養品數量都很多時，建議可以分成兩大類，分別用不同的區塊收納，取用時能更快速找到。

固定班底基本上不多，可以放檯面好拿取。

瘦長瓶罐用收納籃

瘦長型的瓶瓶罐罐，像是香水、化妝水、精華液、眼霜、乳液、護手霜等，通常很難收在化妝檯抽屜，因為大部分的化妝檯抽屜高度都很淺，只能倒著放在抽屜裡，難免感到不安心，擔心會灑出來。

如果直立擺在化妝檯上，又擔心一個晃動或手不小心揮到就傾倒，所以建議利用高度至少到瓶罐一半高度的收納籃輔助，收納籃的高度不宜過低，否則也會有罐裝液體傾倒流出的不安全感。

抹臉上的不要囤貨

許多委託人都會在百貨公司周年慶時，購買化妝品、保養品囤貨，因為特價而適當的囤貨當然沒問題，但如果數量多到需要特別再買斗櫃置物，就有些誇張囉！

這些化妝品、保養品大部分是抹在臉上，必須注意有效期。像我因為太少化妝，所以化妝品很難用到空空的，常常要用幾年才能用完，然後就會感到臉上癢癢的而不敢再使用。如果你也像我一樣，皮膚比較敏感，可以在化妝、保養品買回家時就先貼好標籤在產品上，因為有些效期是寫在外包裝上，如果外包裝丟掉就不會記得效期，貼在產品本身才能有效提醒。

有些人可能會說，抹臉的產品遇到過期，則拿來抹身體啊！親愛的，請先思考及看看拿來抹身體的總共有多少？你真的用得完嗎？

使用頻率不一的，可以用分隔盒收在抽屜裡。

44 穿過還不用洗的衣褲如何處理？

Q 穿過還不用洗的衣服容易堆成小山，有建議購買哪種收納用品嗎？

A 穿過的衣物別再進衣櫃，容易有汗垢與細菌滋生，並且控制衣物數量比買收納用品更重要喔！

衣物依乾淨度與穿過分類

我們都知道衣物應該如何分類，像是外套類、上衣類、下身類等分法，這些都是屬於「乾淨衣物」的分類。每個人家裡都有為乾淨衣物設置的空間，也就是衣櫃，根據衣櫃種類不同，衣物也會有不一樣的收法；而「不乾淨的衣物」就不需要過於煩惱，按照材質與顏色深淺分批投入洗衣機即可。你是否有規劃「只是有點不乾淨的衣物」應該收在哪裡的煩惱呢？

穿過的衣服，千萬別進乾淨的衣櫃

我聽過一個很有趣的說法，這些「只是有點不乾淨的衣物」被稱之為「隔夜衣」，就像今天沒吃完，放著明天也許還可以再吃的隔夜菜意思一樣。有些外套或長褲只穿過一次，不會立刻放進洗衣機，請問你都是放在哪裡？鋪在沙發上？放在跑步機上？掛在椅背上？還是找個籃子先堆著呢？其實放哪裡都比再收進衣櫃裡更好喔！

有時候天氣涼爽，可能會認為沒有流汗，所以衣物應該很乾淨，但其實人體本身都會產生一些皮屑、皮脂、汗漬等蛋白質，這些分泌物質若是處在潮濕又陰冷的環境下，很容易就產生異味，細菌相互污染的渠道與速度絕對比你想得還可怕。為了乾淨的衣物著想，請不要把穿過的衣物掛回衣櫥裡。

🌿 根據衣物種類，決定臨停區和收納用品

這類衣物只是因為還不夠髒，所以暫時可能會再穿到，等到一定的時機這些衣服就會進到洗衣機，所以若你有這樣的需求，家中必須規劃一個衣物的「臨停區」，讓還不夠髒的衣物有個固定的棲身處，而不是隨手掛在椅子上或其他地方。

∏型掛衣架＆衣帽架

每個人會臨停的衣物種類不一定相同，所以請先思考一下你從衣櫃取出，穿過後卻不會直接放入洗衣機，通常是什麼類型的衣服呢？若是厚重的大衣外套，建議選擇較穩固的∏型掛衣架，而不要使用瘦長型的衣帽架。

過重的衣物容易造成衣帽架傾倒的危險，而且掛得過量，則衣帽架也容易變成聖誕樹；反之，只是想掛輕便衣物並且數量不多，家中空間也不足的話，那麼衣帽架視覺上很細長又不占太多空間，倒是非常適合。

我家臨停區就在大門後方，有穩固的勾勾可以掛衣服，如果最近穿的外套擔心掛久了產生凸角，就會改用衣架，並盡量維持一人一件，方便管理。

可以根據需求選擇市售的衣帽架，有些附鏡子、有些附層板放包包，都比堆在沙發上好很多。

個人收納籃

如果只是輕便的外衣或輕薄衣物，選擇收納籃將衣物摺疊好就可以了。我會建議收納籃每人一個，自己控制個人籃子裡的衣物數量，籃子一旦滿了，請拿出來穿或者拿去洗，切勿堆疊得越來越多。

45 我可以不摺衣服嗎？

Q 我超級無敵不喜歡摺衣服，可以說是恨透了！衣服可以不摺嗎？

A 當然可以不摺，若空間夠大、衣服也不多，想掛就盡量掛。

🍃 掛起來省事，摺起來最省空間

衣服可以不摺嗎？當然可以啊！如果你厭倦摺衣服，只要空間足夠，一律設計成吊衣桿方式收納，也是 OK 的。有些人甚至會將曬衣空間的衣架與衣櫃裡的衣架直接統一款式，這樣曬乾後可以直接收進衣櫃裡，不需要再花時間更換衣架。但你一定知道，衣櫃全部都是吊衣桿的配置，省下了時間，但卻是最浪費空間的作法。

你可以實際數數看，掛在衣架上的衣服和摺在衣櫃裡的衣物，耗置的容量與衣物數

如果空間足夠掛衣服，可以試著依照顏色吊吊看，視覺上非常療癒。

量的差別，而摺衣又以直立式擺放最省空間，這些都是反覆嘗試後實際數據顯示的結果。所以你可以完全不摺衣服，除了空間夠不夠多之外，衣服數量也是考量，若空間夠大、衣服也不多，想掛就盡量掛，基本上是不會造成什麼大困擾的。

🍃 不喜歡摺衣服也需要幾個抽屜

想要完全不摺衣服是可以的，不過你一定不可能將所有衣物都掛起來，或者說有些衣物確實是不需要掛，像是內衣、內褲、襪子、內搭小背心等，有些衣物類型

也不需要特別準備衣架將其掛起來。我服務超過五百個家庭，幾乎沒看過有人把襪子掛起來的。

這些不需要掛起來的衣物，就會需要準備幾個抽屜或小籃子盛裝，直立式擺放在這裡不是很必要，但是如果不準備籃子或抽屜，這些衣物只能散落或堆疊在衣櫃層板上，最後越疊越多、越堆越高，一旦拿取時，不小

掛的衣服如果都是上衣和短外套，則下方空間不要浪費，可以放收納籃裝入內衣褲、配件類。

心就會造成山崩土石流，所以再怎麼不願意摺衣服，也要記得規劃吊衣桿時，規劃一個空間放置幾個籃子、抽屜的位置，這樣在使用時絕對更加分喔！

摺衣服可以是喜好，也可能是需要

衣服應該掛著還是摺起來呢？我的衣櫃分法很簡單，不希望有皺摺的衣服就掛著，可以接受有摺痕的衣物就摺起來。如果衣櫃抽屜變得不好開關，如果摺起來依然很大一件的衣物就改掛著，我的衣物大部分都是使用直立式擺放。我老公的長褲不多，衣櫃空間又足夠，所以他的長褲就是使用一般的疊疊樂擺法而已。

除了你有特別的喜好之外，其實需要根據衣櫃的設計與衣物的數量來判斷適合的作法，沒有什麼是一定要摺疊或掛起來的，如果當下條件不允許，要摺要掛，有時也別無選擇就是了。

46 直立式收納適合我嗎？

Q 常看到整理師推薦直立式收納，我不排斥摺衣服，但想知道這個方法也適合我操作嗎？

A 90％的情況都適用直立式收納，直立式收納最大的優點之一，能夠比一般疊放更節省空間。

🍃 衣服很少，不需要直立收納

大家不用把「直立式收納」想得太複雜，你可以按照平時習慣的摺衣服方法，只是最後將衣服從一件件疊放，轉個方向讓衣服站起來就好。

直立式與疊放式

直立式收納最大的優點之一，能夠比一般疊放更節省空間，所以原先衣櫃非常爆炸的人，將疊放的衣物改為直立式擺放之後，通常都能輕鬆改善原先空間不足的問題。

如果你衣物原本就偏少，疊放在抽屜裡也不曾造成任何困擾，就不需要直立式收納，這對你沒有加分效果，還可能因為衣物太少，直立式收納衣物反而更容易倒塌，看上去完全是扣分，還得花時間重摺一次。

我的厚毛衣摺好後，習慣直接對摺，再直立收進收納籃。

收納衣服的容器很重要

大家都知道直立式收納就是讓衣物站起來，在站起來之前，應該要摺幾摺呢？其實要看你擺放的容器而定喔！擺在一般衣櫃抽屜裡，就要注意站起來之後會不會影響抽屜開關，如果站起來太高，則再多摺一摺，讓衣服變矮一點；如果是放在另外準備的收納籃，通常比較不必擔心站起來太高的問題。

留意衣物站起來的方向

衣服摺好之後，很明顯看到一邊有層次、另一邊則是平滑的，必須記得讓平滑面朝上，層次面朝下站著，這樣擺起來好看之外，拿取時也不會誤抽取到隔壁鄰居。

拿了幾件衣服後會倒塌，怎麼辦？

衣服總有待洗或正在曬的過渡期，原本依靠著左鄰右舍站得好好的衣服，會因為這幾天穿了幾件之後開始東倒西歪，這時候應該怎麼辦呢？

其實很簡單！將前面幾件倒著放，頂住站著的衣物就可以，通常也只是暫時的，因為等衣服摺好擺進來，大家又可以排排站了。有些人會在抽屜裡使用書檔類的物品輔助，但要注意如果是斗櫃抽屜，內容物太重容易造成整個斗櫃傾倒。

圖片看到的這個面向就是衣物的平滑面，直立之後平滑面需要朝上，才會方便拿取。

前排幾件衣物先倒著放，等衣物曬完摺好放進來之後，大家又可以排排站了。

有必要統一衣架款式規格？

Q 整理師常建議衣架要統一，但我沒有那麼多預算，這件事真的有必要嗎？或是比較好看而已？

A 確實沒必要，但很推薦這麼做。衣架統一後，打開衣櫥就覺得好清爽，衣服一字整齊排開，不會有特別突出的畫面。

衣架未統一的缺點

你可能會告訴我，這麼多年來都沒有統一過衣架，還不是用得好好的，幹嘛為了莫名其妙的強迫症花錢把沒壞的衣架換掉？是，確實沒有一定要這麼做，如果你目前使用的衣架對你而言，真的沒有任何困擾，也不必大工程的汰換掉衣架，繼續用也無妨。

沒有統一衣架，在許多整理師眼裡始終有個硬傷，就是醜嘛！衣架顏色與尺寸不整齊就算了，但是它會連帶造成衣服吊掛的起始點不相同，衣服掛得高高低低、有的又特別突出，這樣的衣櫃真的很難讓人感到賞心悅目。

折扣時購入同款式替換

如果你覺得完全沒影響，就可以繼續使用；如果看了覺得煩躁，建議你可以考慮在雙十一、周年慶或特殊節日時下單，買到更划算且款式顏色一致的衣架。

我曾經用平時的半價再加上平臺折價券，非常划算的購入日系知名品牌鋁製衣架，連曬衣區的衣架都同時換掉，現在衣服曬乾後直接連同衣架收進衣櫃裡，非常方便，打開衣櫃看了也開心。

🍃 衣架統一的優點

　　衣架統一就是上述的相反面，打開衣櫥就覺得好清爽，衣服一字排開整整齊齊，不會有衣服不合群、特別突出，個人認為這錢花得很值得。另外，這可能沒有參考價值，因為大家的衣物數量不同，但我當時是一口氣買了 120 支衣架，兩人衣櫃所有掛衣的衣架加上曬衣區使用的衣架，掛完衣物後將近 120 支，還剩幾支備用。各位要買衣架前，建議先數數看平時的用量再下單。

衣架未統一，其實也不會怎樣，就是稍微零亂了些，沒有那麼好看。　　衣架統一後，看起來就是舒服一點，對嗎？

🍃 衣架材質的挑選

　　主要是看個人喜好，喜歡木製、防滑、絨布、鋁製、塑膠材質的人都有，撇除個人喜好，我比較建議注重衣架的耐用度，有些絨布衣架雖然有防滑作用，但是容易斷裂，下單前請注意使用評價。

　　木製衣架看起來大氣又耐重，卻非常占空間，如果不是非常厚重的外套，基本上不太需要使用木頭衣架。有些衣架則是久了容易沾黏，心愛的衣物一定要小心，以免報銷。我目前用的鋁製衣架，有些人不喜歡風吹了互相敲擊的聲音，但在我耳裡倒是覺得很清脆，對我來說不是困擾。

如何設計完全適合自己的衣櫃？

Q 我有預算，想要一個完全依照個人需求規劃的衣櫃，設計時有哪些重點？

A 先找一天把所有衣物分類與整理，要掛要摺的件數先數出來！

🌱 清楚所有衣物的種類與數量

如果你想要完全按照需求客製櫃體，那麼我要提醒，請務必先徹底整理好自己的衣物，設計師不是先知，他們只能給你大數據參考。

專屬規劃，需要先知道哪些重點？

如果你需要的是專屬規劃，至少先清楚以下幾個問題，當你幾乎答不出來，請暫緩訂單進度，先找一天好好的把所有衣物仔細分類與整理。知道自己有多少東西、想要怎麼放才最方便，如果都不清楚，誰會比你更了解呢？

1 你到底有多少件非掛不可的衣服？⇨ 這決定了吊衣桿的長度與需要的耐重度。

2 這些衣服是一般上衣、及腰外套，還是到腳踝的洋裝？⇨ 吊掛衣物長度會影響吊衣空間的高度配置。

3 你願意接受換季嗎？⇨ 不願意，只好規劃大衣櫃或是減量衣物囉！

4 你排斥摺衣服嗎？⇨ 排斥到極點的人，就規劃吊衣桿吧！至少留三個抽屜的空間擺放可以不摺的內衣褲等。

5 你有多少衣物可以摺？⇨ 你需清楚這些衣物的厚薄、種類、穿衣頻率，以及空間足夠疊放、空間不夠就需要直立收納。

6 這些衣服若直立收納後的高度是多少？⇨ 這決定了你每一個抽屜要規劃的高度，好抽拉的抽屜才不會造成使用上的困擾。

7 穿過還不用洗的衣物，你有空間放嗎？⇨ 玄關空間足夠設置污衣區嗎？還是臥室要另外擺放一個污衣架？總之，穿過的衣物不建議放回乾淨的衣櫃。

8 你的配件多嗎？都是什麼樣的配件呢？⇨ 抽屜裡需要規劃格子隔間嗎？還是你傾向添購市售收納盒就好？

9 衣櫃需要擺放幾人份的衣物呢？⇨ 如果是與家人共用，各自衣物的比例是如何？如果短期置放孩子的衣物，則需要新增更彈性的規劃。

10 替換寢具有幾套？要放在衣櫃區嗎？⇨ 放在衣櫃最上層你好拿？還是需規劃深層板擺放寢具？或者家中還有其他適合的空間？建議先想想再規劃。

衣櫃抽屜尺寸，拿你的衣服比最準！

特別花錢做了毫無幫助的抽屜，這情況並不少見，有些人的衣櫃設計礙於整體空間的限制，高度都留給吊衣桿，導致抽屜的高度只能將就剩餘空間；或是有些人認為抽屜越大越好，能收得比較多，其實也不完全正確，有許多細節必須注意。

設計出好用的抽屜，最準確的方式就是依照平時你維持得住的摺衣步驟摺一遍，然後測量你大部分衣物的高度落在多少，就能知道自己需要的抽屜尺寸有多高；或者有些人希望彈性一點，直接選購市售的抽屜式收納箱，這也是個好方法，因為未來若是有任何調整需求，至少這些收納箱都還有機會做其他用途。

這是我前屋主留下的衣櫃，除了木頭衣櫃替換成塑膠衣櫃外，其他幾乎都沒更動，目前都用得很滿意，放了我和小鬍子一年四季的衣物。

常見日系品牌抽屜式收納箱的高度

收納箱尺寸	適合放置物品
小型 （外觀高 18cm、內寸高 12.5cm）	內衣、內褲、襪子、嬰幼兒衣物、手帕等。
中型 （外觀高 24cm、內寸高 18.5cm）	一般體型的成人上衣，如輕薄短、長袖、睡衣等。
大型 （外觀高 30cm、內寸高 24.5cm）	下身的褲類、偏厚的毛衣、刷毛、帽T、包包等。

49 口袋摺衣法的優缺點？

Q 口袋摺衣法似乎可以把衣服摺得很漂亮，但是看起來超浪費時間的，想知道口袋摺衣法的優缺點？

A 只有適合你的，才是最好的摺衣方法。

摺衣法千變萬化，口袋法非唯一

無論哪一種摺衣方式，上網搜尋關鍵字會有千變萬化的摺法，口袋摺衣法只是摺衣服的其中一種方法而已。有其優點、也有稍微比較不適用這個方法摺的衣服，只是因為看似手法酷炫，摺起來也的確方方正正很療癒，所以口袋摺衣法常常被提及。

口袋法「優點」

1 用於行李箱收納很方便，衣服包覆效果佳，不容易散開。

2 不必擔心幼童玩抽屜衣服，而導致衣物需要重摺。

3 可以縮小衣物體積，節省抽屜空間。

4 軟趴趴衣物直立式收納時，可以站得穩不散開。

5 衣物摺得好像豆乾一樣，看起來很可愛。

6 摺給別人看的時候，會被崇拜羨慕。

7 抽屜拉開衣服一字排開，完全不用翻找，每一件都看得到。

口袋摺衣法只是摺衣服的一種方法，摺起來方方正正，看看就非常療癒。

口袋法「缺點」

1 摺完衣物後，會有點看不出來原本相似的衣物誰是誰。

2 材質太軟的衣服，無法包覆得很好。

3 包太緊，會影響到衣服的彈性。

4 多了反摺的動作，導致摺衣服更費時。

5 摺太漂亮，反而有點不想拆開穿。

🍃 可以維持住的摺法才適合你

　　想一想後可以評估適合自己的摺衣法，如果嫌麻煩，其實直立式收納就足夠了，將衣物摺好後直立擺放和使用口袋摺法，兩者效果是差不多的，不一定要做最後一步將衣物加固包覆起來。

　　任何摺法都可以參考看看，再從中選擇一個能夠維持得住的方式摺衣服就好了，這就是最適合你的方法喔！

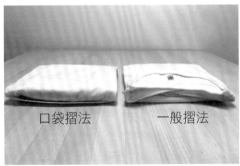

口袋摺法　　　　　　　　　　一般摺法

直立式收納與口袋摺衣法之間的差別，在於最後一個步驟是否有將衣物加固。兩種摺法放進衣櫃之後效果都是相同的，需不需要摺成口袋式，可以根據自己的習慣或喜好而定。

50 吊衣桿掛不下了，怎麼辦？

Q 原先為了方便，所以選擇的衣櫃都是吊衣桿居多，但衣櫃已無空間掛衣服了，是不是只剩摺衣服這個選項呢？

A 適時的放棄層板或吊衣桿，改成其他方式收納吧！

抽屜比吊衣桿收納更多

大家可以到自己的衣櫃前，仔細數一數吊衣桿上的衣服有幾件？一般常見尺寸的衣櫃本身的吊衣桿大約能掛 30 至 40 件上下，你可能會覺得這個數字太少了，我是以一般常見尺寸並且沒有過度擠壓的前提下掛衣服喔！如果吊衣桿本身長度偏長，那麼在設計時更要選擇堅固的款式，千萬別省這個錢，不然耐重度下降很快易導致吊衣桿變形。當你的吊衣桿彎彎向你微笑時，就是要開始頭痛的時候囉！

數完吊衣桿的衣服數量之後，再來數數抽屜裡有幾件衣服？一般的抽屜若先不論衣服厚度，以直立收納來計算件數，基本上幾十件都是可能的，吊衣區的容積可以換算成幾個抽屜呢？這個簡單的數學題你應該已經明白了，抽屜的容量確實比吊掛區來得好。

捨棄吊衣桿、加裝抽屜

這是整理師很常使用的招式，吊掛區如果有分上下部分，那麼下方的吊衣桿可以考慮移除，將這個區域改成抽屜，立刻多出好幾倍的收納件數！

你可以考慮直接請人來改裝，或者省一點直接購買市售常見的抽屜式收納箱，只要量好尺寸不要讓抽屜被五金卡住，基本上都足夠改善衣物不夠放置的問題。

抽屜勿超過視線位置

建議抽屜勿置放超過視線的位置，抽屜位置過高，抽屜拉出時也很難看得見內

容物，如果還需要把抽屜整個取下才能拿取，反而是給自己添麻煩，所以抽屜的數量通常不會超過四至六個（依每個人身高而定）。

籃子收納摺好的衣服

抽屜上方的閒置空間也不必擔心浪費，可以運用籃子置物。其實只需要把一些衣服摺好，就可以更有效利用空間，是不是很值得啊！

外面有個框框、中間可抽拉即是抽屜式收納箱，可以獨立擺放在各個空間，也可以放在高度較高的層板之中。

🍃 深層板不如抽屜好用

我家的衣櫃有深層板設計，衣櫃是前屋主留下來的，覺得還行就沒有做任何的更動。不過一般人對於深層板這一區的使用常常是很需要協助的，因為深層板通常深度與衣櫃相同，所以衣服一旦摺好疊放在此處，放一疊感覺空間浪費了，改成前後各放一疊，裡面的衣服根本看不見，應該怎麼做比較好？

第 1 種方法：捨棄部分深層板改成抽屜

和上述一樣，將深層板從下往上數的兩、三個層板捨棄，改成抽屜式收納箱，就可以有效解決原先的困擾。

第 2 種方法：收納籃一前一後收進層板

我使用已久的方法，層板繼續用，將衣物直立式擺放，選擇尺寸適合的收納籃一前一後收進層板，當季的衣物籃子向外放，季節轉換時只要兩個收納籃互相交換位置即可。這個方法非常簡單又省錢，很推薦大家試試看。

褲子只需要對摺兩次，屬於比較輕鬆好摺的種類，可以搭配收納籃前後擺放，這樣換季只要交換籃子前後排即可。

51 吊掛衣物的排放順序？

Q 我一直很想知道什麼款式的衣物應該摺，什麼衣物適合掛起來，請問有標準答案嗎？

A 因人而異，但有通則可以參考。

🍃 整理衣服因人而異

先說結論，衣服是你的、衣櫃是你的，想要掛起來或是摺好收著，其實都是個人的習慣與喜好問題，不容置喙。不過我經手過的衣櫃，大部分的人在處理衣服上的想法都差不多，以下分享幾點給大家參考。

怕皺的可以掛起來

大部分立領的襯衫都會被掛起來，因為立領襯衫屬於較正式的衣服，不適合有過多摺痕，但 POLO 衫就可以視空間餘裕決定要掛或摺，畢竟 POLO 衫的領子不怕壓，摺起來也更省空間。

需要特別保護的掛著

因為工作或場合需要，有些人家裡會有非常正式的禮服，禮服大多都是掛著比較好，有些禮服或是洋裝本身有亮片裝飾，容易勾到其他衣服，建議這類型的衣服可以使用衣物保護套套著，或是特別擔心沾染到其他顏色的衣物，也可以使用保護套。

雖然說擔心有痕的就掛起來，但不宜太久沒穿，衣服在衣架上時間過長依然可能產生變形。

不知道怎麼摺的掛起來

如果你看過整理收納書，應該知道一些摺衣服的方法，但總有些衣服摺起來比較費力些，摺出來的效果似乎也不好看。如果空間還足夠，這類型衣物掛起來也許會輕鬆點。

不擔心有摺痕的就摺

摺衣服無論再怎麼簡化步驟，只要有「摺」就一定會有「痕」，這是完全避免不了的事，所以只要在意摺痕的一律掛起來最簡單；或者你不介意每次穿衣前熨燙衣物，那麼摺起來當然更省空間。

摺完很占空間的就改成掛著

舉凡帽T、厚毛衣、刷毛長洋裝、冬季厚外套等衣服，這類型衣服大部分摺起來後的體積都很大，非常占抽屜空間，建議視情況將太占容量的衣物掛起來。

完全不會外露的衣物甚至不用摺

有些輕薄的貼身背心或是材質柔軟的發熱保暖衣，這類衣服基本上不會單獨外穿，就可以不摺，只要找個適合的籃子放進去即可。因為它們是平整或是有皺摺，只有自己看得見，穿在衣物裡的內搭相較其他衣物，確實不需太費心在這裡。

取出衣物後的衣架勿留在原位，要集中擺放一起，才會知道空衣架的數量，取用時才方便。

52 如何判斷衣物過量？

Q 我的衣褲不算很多，依然有收納上的困擾，如此就應該淘汰衣褲嗎？請問如何判斷衣服是否過量？

A 看衣服的狀態和收納空間大小最準！

把衣服帶回家肯定有原因

如果買回家後沒有適合的空間擺放它，衣物被隨意堆放在地板角落，拿起來整件皺巴巴的，或者根本沒有從紙袋裡取出，吊牌也沒拆，一直都是以全新品的狀態被塵封在某處，如此肯定也激不起你穿上它的慾望。如下舉幾個我到府整理的案例和大家說明。

衣服買來就是要給人穿，讓我們的外表加分用的，不要因此把自己變成受害者的角色，被衣物控制了時間、空間，應該處理的就處理掉吧！

案例1：：衣物被好好對待

我幫委託人將衣服摺好後放入抽屜，委託人說：「之前它在衣服堆裡，我沒有覺得這麼好看，現在被你摺好之後，我突然很想穿上它！」這就是衣物有好好被對待的不同，因為它不會有怨念。

案例2：製作標籤和相簿建檔

服務過衣服數量最多的委託人，每當要換季時，都需出動搬家公司的車輛協助將家中衣物和倉庫衣物做交換，還需要製作標籤和相簿建檔，不然委託人根本記不住衣服在哪裏，是我處理過最驚人的衣物案例。

案例3：衣物暫時堆放在玻璃茶几

曾經遇到委託人把衣物暫時堆放在玻璃茶几上，結果玻璃茶几不堪負重因此碎裂，請大家不要小看過量衣物的重量，也不要挑戰其他家具的耐重啊！

🍃 判斷衣服過量方法

　　由於每個人使用的衣櫃尺寸與款式都不同，對應到擺放衣櫃的空間也不一樣，幾件才算極簡？幾件又算太多？本來就沒有標準答案，所以無需糾結在數字上。你家有多大，能夠擺放多大尺寸的衣櫃？衣櫃裡能好好收納衣服的空間又有多少？這才是決定你整理衣物時最輕鬆的數量是多少。

🍃 我的衣服真的過量嗎？

　　有不少方式可以判斷衣服有沒有過量（基本上都是過量），你可以針對以下幾點仔細想想看。

1 你的衣櫃裝不下，就是過量，也有可能是衣櫃真的太小的緣故。
2 很久都沒穿到或沒看到，但你也沒有想起來的衣服，就是多餘且不重要的衣物
3 直立摺起來的衣服在抽取時，左右鄰居會噴飛，就是明顯太擁擠。
4 吊掛的衣服取出時，衣服都往同一側歪斜，也是明顯掛太多。
5 吊掛著的衣服彼此緊貼在一起，一點呼吸的空間都沒有，取出多半也有皺摺。
6 已經超出你可以掌握的數量，穿不到、記不得、摺不下、掛不完都是。
7 衣物換季總是大工程，而且還無法一天內就處理完成。

🍃 搭配除濕機立即處理

　　我會買新衣服，也會淘汰舊衣服，如果衣架與衣架之間的距離越來越近，就會停止再購入需要掛著的衣服，也會增加打開衣櫃通風的時間，並搭配除濕機，避免衣物有衣櫃味。

　　如果摺衣空間密度越來越小，我也會適時挑選出可以淘汰的衣服，讓衣櫃一直維持在最好打理的狀態，所以不會特別數自己有幾件上衣、幾件長褲，我全然是看整理時有沒有增加困擾，進而判斷衣服是否過量。

53 ## 需要買些衣物輔助用具嗎？

Q 我常常看到摺衣板的廣告，看起來似乎很好用，想知道摺衣板好用？真的有
需要買嗎？

A 如果有能力靠雙手摺好，這種東西就是雞肋（比喻沒什麼價值，丟了卻又覺
得可惜）。

摺衣道具非人人需要

常常在委託人家裡看到摺衣板，或類似摺衣板的東西，硬要為摺衣板寫一個評
價是不公平的。應該不少人和我一樣，不需要任何道具就可以在幾秒內摺好一件衣
服，甚至連檯面都不需要，在空中摺衣也可以摺得很好，我們當然不需要摺衣板的
幫忙，甚至使用摺衣板更花時間，反而不方便。

如果要以整理師的角度建議，我認為摺衣服本身不難，只要先找到最適合自己
的衣櫥配置、自己又很順手的摺法。若是能找到最適合自己的摺法，再好不過了！
這樣摺衣服完全就只是小菜一碟，自然就不需要另外添購摺衣道具。

圖中的摺衣輔助用品，好不好用是看個人使用習慣而定。

🍃 對你有幫助就是好東西

對於不太會摺衣服的人來說，摺衣板或許是很有幫助的道具，因為只要照著三、四個步驟，就可以將每一件衣服摺成相同大小，是不少人的福音商品。

我看過部分家長利用裁製後的厚紙板或塑膠片當作摺衣板，讓小朋友練習摺衣服，因為步驟簡單，更能夠讓孩子在練習摺衣服的過程中產生自信，並且降低做家務的排斥感。如果摺衣板在你家只有加分，沒有任何扣分，我一定非常建議你們繼續使用！

🍃 收納用品是幫助你，不是困住你

唯一會讓我反對摺衣板的原因，大多是因為使用者的觀念不對。曾不只一次在委託人家裡看到他們購買了可以將衣服摺得像書本一樣的輔助用具，衣服確實一件件的立在抽屜裡，有些款式還有緞帶可以打個蝴蝶結，看起來非常整齊。

委託人卻因為摺成書本後「好不容易摺好，所以捨不得拆開」、「不想再花時間重新摺回去」等原因，摺好的衣物幾乎原封不動，卻一直穿著從曬衣區收回後就攤在床上的衣服。

日復一日，真正在穿的衣服都堆積在床上，衣櫃空間則被一些不想弄亂的衣服給長期占據著，這完全是本末倒置，像這樣的情況很明顯問題出在摺衣板與使用者本身的思維。

再次提醒大家，收納用品進到你家都是幫助大家更好拿取，讓生活更便利才對。如果因為使用收納用品反而把物品困住，收起來變得不好拿取或忘記如何使用，那麼這個收納用品就是扣分，應該再度思考是否有更好的使用方式，或者換成其他更有幫助的用品。

委託人家中男主人有許多襯衫並都選擇送洗，所以他們特別訂製專門的襯衫壓克力架，非常適合男主人的使用習慣。收納用品就應該讓生活便利度加分。

公共空間的
和諧整理

公共空間是與同住者一起使用的空間，
不像私人空間可以隨心所欲。
在物品的歸納與使用情境中，
最好找出一個可以配合全家人的公約，
讓每一位都可以利用簡單的邏輯找東西，
也可以輕易的將物品歸位。

54 如何讓家人也找得到物品？

Q 我是家中的主要整理者，自己的物品好處理，家人的物品就令人懊惱，擔心收起來後只有我找得到，請問如何規劃位置比較好？

A 和家人討論出適合你們家的生活公約，是必要且能解決大家的困擾。

🌱 使用者自行處理

看完最開始關於整理師的簡單介紹後，大家應該都知道，整理師如果到府服務時，物品的主人必須在現場對吧？如果由整理師自身的認知來規劃物品的收納位置，只是符合整理師自己的邏輯，但不一定是使用者認為順手或方便的位置。

所以這個問題中提到「家人的物品令人懊惱……」剛好呼應此說法。不是你的東西，你怎麼會知道家人是如何使用、想如何使用呢？所以家人的私人物品，請他自行處理，或是回到屬於它的私人空間吧！

基礎藥品就是全家都需要知道位置的物品，建議收在公共區域。

藥品大部分可以直立式收納，而且不一定要添購收納用品，利用藥品本身的紙盒也可以當作分類的小盒子。

🍃 紅綠燈分類順暢無比

曾在自己的講座中，聽到一位聽講者的回饋，提到他們家有「紅綠燈制度」。

「綠」燈物品

全家人都必須知道位置，像是藥品、工具、文具等，這些是每一位家庭成員都可能會使用到的，這類型物品使用頻率高。若使用前還需要詢問主要整理者，實在太浪費時間，這類物品規劃必須擺放在所有人都熟悉的空間與位置。

「黃」燈物品

特定家人或特定事件才會需要，又非祕密的物品，像大家的保單、租賃合約、個人常用藥品等之類，則是部分家人知道位置即可。

「紅」燈物品

自己知道位置就可以了，這類型物件通常不會出現在公共區域，都是在私人空間裡收好，像存摺、印章、較需要隱私的小祕密等。

🍃 制定家庭生活公約

每個家庭的紅綠燈制度不見得相同，像我父母家就沒那麼多禁忌，他們出遠門前都會特別告訴我和弟弟，家裡的重要物品放在哪裡，若是我們有需要，至少不會像無頭蒼蠅一樣不知道怎麼應對。

和家人間討論出適合你們家的生活公約是必要的，讓大家各自負責「紅燈物品」，而家中主要整理者可以決定「黃燈物品」的擺放位置。至於綠燈物品則是全家人一起討論出最合理的收納方式，大家一起使用、一起收拾、一起維持，基本上就不會出現找不到東西的困擾，主要整理者也可以輕鬆許多。

55 和家人良性溝通的好方法？

Q 請老公和孩子們把自己的東西收進房間裡，他們照做了。當我打開房門時，發現他們都亂丟，常常因為這樣與他們起口角，想知道如何與家人溝通並改善他們的壞習慣？

A 當對方改不了時，你要先改變，讓自己影響身邊的人更有效。

🌿 私人領域劃分清楚

上一個 Q54-P.136 提到不同類型的東西，可能會因為使用者不同而放在公共區域或是私人區域，即使是夫妻共享同一間臥室，也可以再細分出專屬於彼此的領域，因為共享空間並不是所有東西都是共用。

舉例我和小鬍子，我們的臥室不大，放一張雙人床和一個衣櫃就差不多了，衣櫃是共用的，床也是共用的，但是床邊牆面有個櫃體一分為二，剛好上下各一層，我們一人一半，分別放自己的物品，想要亂擺還是放整齊，彼此完全不干涉對方。

即使他那邊有我覺得可以丟掉的東西，或是我這邊有他不理解的物品，我們絕對不會踩到這條線，因為這個空間就是彼此的絕對私領域，要給出百分之百的尊重及不干涉。

這個空間可以是一個小抽屜或大到是一間書房，總之公共空間大家需配合家庭生活公約維護，但私

左側是我們擺放寢具的地方，右側上方是小鬍子的私領域，下方則是我的，互相有對方不能干涉的區域。

領域就是自己可以稍微懶惰放縱的空間，在這個空間裡所有物品都只受到自己的管理，不會被其他人的邏輯所約束，家中有這樣的一個空間可以減少非常多口角。

🍃 不要想著改變別人

記得我還在求學時，和父親有過這樣的一段對話。

我：「我們都不太做家事，你不會生氣嗎？」
父親：「生氣有用嗎？家事本來就不是誰的工作，你願意就做，大家都不想做，誰看不下去就誰做囉！」

與家人共處時，自己先動手整理，相信可以逐漸影響旁人一起動手做。

小時候家裡東西多，比起自己乾淨的房間，客廳真的讓我敬而遠之，反正也達不到我的標準，所以我常常在做家事這一塊直接擺爛，因為怎麼整理也不是我想要的樣子，乾脆顧好自己的房間就好。

讓自己影響身邊的人更有效

記得當時看到因我們耍賴堆積的碗盤，父親沒吭聲就去洗了，母親在曬衣服時，父親沒叫上我們，卻自己過去與母親一起做。這無聲的力量反而影響了我，於是開始主動一起做家事，雖然因為害怕蟑螂，所以能做的家事很有限，但是自己的確改變了，變得更願意為家庭付出。

其實我們都知道與其想著如何改變他人，不如先改變自己，讓自己影響身邊的人更有效，況且都有個人的習慣，也對環境整潔有著自己的標準，為什麼其他人得因為你的「看不下去」而改變呢？或許先試著做好自己該做的，就很足夠了。

56 如何讓家人也習慣我的收納方式？

Q 家裡大部分的整理工作由我負責，卻常常聽到家人抱怨，提到不方便拿取，換了新的位置又有人覺得不好收，應該如何做才好呢？

A 整理邏輯人人不同，溝通真的有必要。

🍃 適時放過自己、對方的私領域

首先給所有負責家中大部分家務的人一個鼓勵和擁抱，這不是一件輕鬆的事，願意為家人服務，是辛苦又不容易被看見的付出，請不要給自己過多的壓力。有時候家務事不一定可以很完美執行，如果真的太苦惱了，不妨退一步看事情，如果小地方不夠盡善盡美，但不影響大致生活的運作，就放過自己吧！

身為整理師當然同意每樣物品都要歸納好，才具便利性。也許你家一些小細節不夠有條理，但家人們都正常生活不受影響，只不過偶爾花點時間和力氣找出需要的物品。有太多家庭天天上演找東西的橋段，你已經做得很好囉！

轉個彎換個方式

外出時，常常找不到包包裡的面紙，這時候改用手帕也行；原本規劃的玩具分類籃，孩子可能會分錯，但至少玩具都回到玩具區，這樣已經很不錯了。

居中取平衡點

如果家人們有一定的年紀與自主意識，則各自的私人空間就交給他們自行處理，不要讓私人物品蔓延到公共空間就好了。

🍃 用家人視角溝通討論、同意多數決

私人空間歸使用者自行管理，公共空間才由大家一起或某位家人負責，這樣才能畫出界線，互相尊重使用的空間。以公共空間來說，負責整理的人可依照自己的整理邏輯規劃，但可以在過程中用家人的視角想事情，像是每位家人的身高、常待

的位置等，用家人的視角安排物品的擺放方式，就能減少許多需要重新整理的機會。

當然有時候需要一段時間適應新的動線，也許一開始不習慣，最後也能習慣成自然。如果無法改變原有的習慣，彼此也可以好好的溝通討論，將公共空間的物品位置由主要負責整理者安排，或者運用多數同意來決定。只要尊重彼此的想法、良性溝通，最終都可以找出最適合的方式。

收納用品過多時，容易忘記物品位置，這時候標籤很重要。圖中標籤為整理慣用的布紋膠帶，在整理完當下替代用的標籤。

適當利用標籤輔助

同住家人越多，物品的整理及擺放邏輯更需要全面性思考，盡可能在全家人的不同邏輯與標準中尋找平衡點，這也是為什麼我總是倡導「家事是全家人的事」。如果永遠只依賴一位主要整理者，要維持下去真的很辛苦。家中物品越多，分類就需要更細節，勿依賴大腦牢記，請善用標籤提醒大家，才不會輕易發生「忘記該收哪裡，先放這邊等等再收吧」的情況。

提醒與神奇的約束力

標籤除了提醒，還有一個很神奇的約束作用，如果沒有標籤，很可能因為惰性先隨處擺放。如果標籤就在你面前，會有種「現在就把東西放到這裡來」的魔力，所以勿小看標籤帶來的好處，它的存在可以節省許多翻找的時間，一再的讓你知道不能太依賴記憶力，也可以讓所有人因為看到它，下意識的將物品歸回原位，是一個看似不起眼卻一直默默的發揮作用的輔助用品。

標籤形式越來越方便

以前貼標籤是到書局買標籤貼紙，寫上歪七扭八的字，但貼久了會髒或突起，撕掉又留殘膠，缺點一大堆。現在的標籤可以自製，也能利用市售標籤機打印，標籤貼紙不僅有好看的字體還具防水，甚至手機連線全家人都可使用，非常方便！

57 家裡空間小，客廳怎麼規劃？

Q 我家坪數不大，客廳空間也不算大，如果把大型家具擺好應該沒有其他空間了，如果未來還有生小孩的計畫，不知道這些物品應該怎麼辦？

A 客廳沒有一定的樣子，平時需適時取捨，請把空間留給使用的人和真正重要的物品。

🌿 打造屬於你的客廳

你家的客廳長什麼樣子？你理想中的客廳又是什麼樣貌？你有沒有想過客廳可以不只一種樣子呢？一般認為的客廳會有沙發和電視，電視周圍可能有電視櫃，而在沙發和電視的中間則有茶几，這也是我到府服務以來見過最多的客廳配置，這樣的安排沒有不好，適合大多數人，有沒有真正適合你呢？

記得當時為了試婚，我第一次搬出原生家庭，在外找了一個租屋處，為了希望生活空間大一點，又為了確保租金是用在人身上，於是用不到的大型家具都請房東搬走。空間實在有限，所以電視旁邊有衣櫃、餐桌後面就是床，這客廳有點四不像，卻小巧溫馨。

後來我們從十坪的分租小套房搬到十五坪的樓中樓，這次房東沒辦法配合將大型家具搬走，我們只好發揮創意適應這些家具，過程中我的愛貓右後腳癱瘓，無法順利爬上樓與我們一起睡，因為太捨不得，乾脆將床墊搬到客廳，在客廳睡了好一陣子，那陣子長輩的耳語沒少過，但是我也沒聽進去。

因為喜歡與貓咪窩在一起，當時沙發特別選擇抽屜式收納，增加收納空間之外也不會影響到躺在沙發上睡覺的貓咪。

不將就使用沙發

接下來就是現在居住的房子，因為不想將就，所以在還沒有找到理想沙發前，我選擇兩張大型寵物墊，丟幾個枕頭在上面，每天也是舒舒服服的和寵物窩在一起，結果長輩來坐客都說太矮不好起身、朋友們也不好意思真的躺在上面。看到來我家玩的人都玩得不舒服，才開始積極看沙發，好不容易找到喜歡的沙發，又聽了不少「建議」，老實說一點都沒有影響到我，因為只有我們夫妻倆最清楚自己的需求，我們幾乎不會在沙發上看電視，頂多一起吃飯時會配電視，所以將餐桌安排在有電視的區域。非傳統認知的客廳，可能旁人不一定理解，但是自己才會知道，使用起來有多爽！

🍃 活動式家具更方便

常會需要搬家者、可能從獨居變雙棲、一寶變多寶，工作型態多元時常改變的人，或跟我一樣純粹討厭一成不變，喜歡經常改變家中擺設的人，我都強力推薦一定要多多考慮活動式家具，想移就移、想改就改。有些櫃體甚至可以橫放也可以直放，能應用在各種空間，這樣空間比較不會受限，如果閒置的收納用品可以壓縮體積收起來，一定更加分！

🍃 家中物品占滿七成

未來可能有東西增加或需要收起來，應該怎麼處理才好？我建議家中本來物品維持在七分滿是最理想，所有的櫃體或抽屜都不要放滿，需有意識的控制，空間才有餘裕應付突發事件需要增加的物品。好比誰知道某一天家家戶戶都要空一個抽屜放口罩和酒精呢？所以平時就得適時取捨，把空間留給使用的人和真正重要的物品。

即使非傳統客廳的樣子，只要自己喜歡，就是最棒的客廳。

隱藏線路的方法？

Q 我有一點點強迫症，看到露出來的線材會受不了，打結在一起的更是會瘋掉，不知道怎麼調整這些線路比較好？

A 事前規劃好，比事後想辦法來得更好。

🍃 重新整理一下吧

我明白線路外露有點難受，如果你家線材亂七八糟，在提供方法改善之前，你有沒有想過先重新整理呢？讓有使用、沒使用的設備區隔出來，將布滿灰塵的電線擦拭過，把電視牆後方各種錯綜複雜的線簡單的貼上標籤，寫上連接設備的名稱，會比絞盡腦汁想辦法藏拙來得更舒爽。而且標籤做好之後，即使線路依舊亂成一團，你也可以迅速找到需要的那條線。

🍃 遮掩瑕疵的障眼法

一個房子會產生的瑕疵挺多的，某面牆上鑽的洞、平時不小心刮花的白牆、歪七扭八的電線等，都會讓人看了有點煩躁，這些美中不足，其實有不少方式可以處理，以下提供一些常見的方法給大家參考。

藏線槽或藏在木作中

做藏線槽或全部藏在木作裡面，留洞方便穿插座即可，最好預先設想好插座位置和數量，才方便搭配電器

利用壓條修飾

只需要簡單的工具就可以 DIY，施作難度低，顏色配好也能輕鬆與牆面合為一體，盡量往高、低處規劃，讓走進視覺中的電線越少越好，降噪效果會更佳。

電視櫃加裝黑色玻璃

　　裡面的機器設備會被隱藏住，或者將抽屜內部貼上黑色不織布，也可以有黑玻璃的相同效果。

利用裝飾品遮擋

　　運用相框、玩偶等在前方直接遮擋，最簡單也不怕影響訊號或散熱。

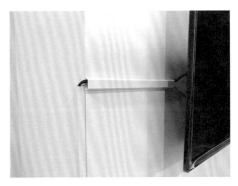
壓條可以自己輕鬆 DIY，操作簡單又便宜。

線材大膽塗色

　　直接成為空間的裝飾之一，但這個很需要美感，評價兩極，沒自信就不要輕易嘗試。

獨一無二集線盒

　　直接購買現成又好看的集線盒，線材、插座和延長線都可以隱藏，或是利用廢舊紙盒自行美化加工，簡單裝飾也可以是個獨一無二的集線盒。

利用集線盒是很簡易的作法，連同延長線都可以藏起來。

🌱 事先規劃電線路徑更重要

　　許多人在裝潢初期沒有想到未來可能會增加的家電有多少，所以忘記預留位置，後續想再增設插座和隱藏線路時，就會顯得更麻煩。建議大家可以將常用的電器設備都列出來，未來有考慮入手的家電也先備案，像是直立式吸塵器、掃地機器人、廚房各式家電、客廳影音設備等。

　　通常客廳與廚房是最多家電設備的空間，若能直接利用櫃體隱藏線路，這樣不容易積灰塵，打掃很省事，視覺乾淨清爽，未來若有需要更換或維修也簡單。

藏八露二是什麼意思？

Q 所謂的「藏八露二」，哪些是八、哪些是二？

A 加分的是二、扣分的就是八，簡單來說就是把好看的呈現出來，顯亂的部分藏起來。

 ## 挑出畫面的重點

以穿衣服來說明，應該都有看過女星走紅毯時被點評「穿戴華麗的耳飾、項鍊，但髮型不夠簡潔、搶走重點」、「一身黑白素雅禮服，胸前的珍珠項鍊畫龍點睛」的類似報導文字。穿衣時也許不一定懂得搭配技巧，但是若可以做到揚長避短，一樣可以有不錯的效果。

以自己來說明，我喜歡穿七分袖和八、九分褲，讓自己最纖細的手臂和腳踝露出，但其他比較沒自信的位置都用衣物遮擋，確實讓我在穿衣時感到自在舒服，偶爾角度剛好，甚至有視覺減重的效果。

家中每個空間也是相同概念，家裡東西那麼多，不可能每樣都露出，所以需運用櫃體、抽屜將物品收起來，只陳列出常用電器和大型家具，才不會眼花撩亂。

用相機視角看看家中每一處

大家可以嘗試著用相機視角看待家中每一處空間，如果現在要為這個角度的空間拍張照，你覺得哪些東西多餘？哪些東西看起來很雜亂？哪些東西擺在那還挺好看的呢？用相機視角可以很快的讓你跳脫出平時慣有的視線，原先根本沒有被自己看進眼裡的東西，在相機裡可能醜到無所遁形，只要讓你在相機視角裡想要移除的物品，就是屬於藏八露二的八喔！

🌱 有加分的就是二

只要是想被看見，比如可以凸顯出你的品味、生活中極為在意、使用頻率高的事物、你願意讓這樣東西獨占一個空間的用品，就是藏八露二的二。這些大致上會是大型家具、常用家電，增添居家風格的窗簾、地毯，或是裝飾品以及收藏品也是這個範疇內。

選購大型家具和電器時，切記不能將就，它們的存在可以是居家環境中的畫龍點睛，也可能變成藏都藏不住的扣分項目。

我們都不是住在樣品屋內，我也不喜歡冷冰冰毫無溫度的房子，所以家裡必定會有些許的生活痕跡，只要平時選用的物件都有精挑細選過再帶回家，其實適量的生活感也會讓家更有味道。

好看的呈現，顯亂的藏起來

藏八露二其實不難理解，簡單來說就是把好看的呈現出來，把顯亂的部分藏起來。如果你家中具美感的物件真的很多，就讓這些美好的物件輪流展示，讓家隨著節慶或季節換季，家也不會總是一陳不變，還更有儀式感。

我家最美的是窗外的美景，所以總是維持住飄窗區的潔淨，讓自己和貓都可以欣賞風景，這是我家最加分的「二」。

60 沒有軟裝能力，如何讓家裡變漂亮？

Q 容易顯雜亂的東西都收起來了，依然覺得家裡醜醜的，是因為沒有放裝飾品嗎？可是裝飾品對我而言擺著只會生灰塵，自己也沒有軟裝的美感能力，有什麼建議？

A 不必為了裝飾而買裝飾品，簡單 DIY 打造獨一無二的風格。

🍃 大型家具絕對要美

一直以來我很強調的觀念之一「大型家具絕對要美」，像是沙發、大餐桌、冰箱、系統櫃等，因為體積太大，也不容易在短時間被汰換，這麼巨大如果很醜，真的無法忽視。每天看著醜醜的家具非常痛苦，所以建議大型家具不要將就，一定要找到符合自己需求而且也是好看的，這樣日子才能開心許多喔！

簡單 DIY 家具外觀

我也知道許多人家中會有一些無法換新的家具，也不是完全沒有解法，比如有些人會將家具換色、貼皮，或者利用更搶視覺的陳列來弱化大型家具，這都是可以嘗試的方式。

🍃 參考與模仿，找出喜歡的風格

其實我不是非常有軟裝能力的人，自己可以在凌亂的家想像出整理後的樣子，但在一個空房中想像出裝潢後的樣子就不在行，所以在設計自己的家時，從 Pinterest 軟體上滑過超過千張圖片，先將喜歡的風格全部釘選到資料夾中，收集到一段落，你會發現喜歡的風格太多，如果全部搭在一起會變成雜亂風格四不像。

這時候就可以從中思考哪些元素是無法放棄的？什麼樣的物件是願意購入或將錢花在這裡？有沒有比較通用的環境打底色，再加上畫龍點睛的重點增強，就可以達到你要的效果。

打造獨一無二風格的家

我真的靠著這些方式,從無到有完成家裡的所有裝潢設計,熟識的親友一到我家,都能感受到這個家很「我」。自己沒有為了要裝飾而購買裝飾品,而是全部運用喜歡的物件裝飾這個家,所以我家並不是大家熟知的風格,例如:北歐風、無印風、工業風等,就只是很單純的「之琳風」。

大家來我家都會問的就是這隻「吉祥物」,因為剛好是樓梯的凸角處,我刻意掛了一隻提醒大家「小心頭」的猩猩在這,果然再也沒有人撞到頭。

我家的布置沒有那麼多考量,基本上只要是我喜歡的物件都很「之琳風」,所以擺出來也不會太突兀,但「之琳風」是什麼呢?其實我喜歡的東西有時惡趣味、有時怪誕、有時可愛、有時典雅,但每一樣布置物品都顯示我的名字。

🍃 物件走同樣風格,輕鬆融入好搭配

如果你對軟裝有些障礙,最簡單的方式就是先找出自己喜歡的風格,再認識這個風格的特點,接下來你帶進家中的所有物件都和這些特點有關聯即可。

舉例 1:懷舊英倫風格

英倫風格常見的元素有實木、懷舊感、碎花設計和一些異材質穿插等,你在挑選沙發時,就可以來個不成套、利用菱格紋地板或碎花壁紙呈現,讓空間更有氛圍。

舉例 2:溫馨簡約風格

像是溫馨簡約的原木風,地板則需選擇木地板才對味,棉麻窗簾也很搭,如果不喜歡棉麻,至少挑淺色系,並且不搭配金屬感太強的家具。

61 既是工作也是用餐桌子，應該如何規劃？

Q 家裡不大，許多空間逼不得已需要多功能使用，工作桌忙到一半就要吃飯，桌上原本的東西沒地方收，只能先放到地板和沙發上，這件事令我很煩躁，應該有更好的方法？

A 讓桌子保持淨空，才能發揮最大效用。

🌿 多功能桌面，東西更要少

當初仲介帶我們看屋時（迷你宅），我就有心理準備就是這間房子了，日後勢必得在書桌與餐桌之間取捨，兩者只能有其一，才不會讓小坪數的家更顯擁擠。

然而因為工作的需求，一個書桌對我來說是非常必備的，但是又非常憧憬在餐桌吃飯的畫面，於是心裡一番冷靜的取捨之後，最終決定是餐桌與書桌皆使用同一張桌子。同時我強烈建議這張桌子一定要選擇自己很喜歡的，因為需多功能使用，代表會有很長時間接觸這張桌子，一定要好看又好用，否則你只會越用越討厭！

桌面空間珍貴，所以我連衛生紙都不占用桌面，而是在桌子下方使用掛鉤，讓衛生紙不占空間又好拿取。

評估哪些物品必須放桌面？

當桌子不只一種功能時，更要評估哪些一定要放在桌面上？天天會用到的物品才會留在桌面上，對我來說，天天都會用得到的沒有幾樣，其餘偶爾才使用到的物品一律收進「看不見的收納」中，也就是有門的櫃體或抽屜裡，不會讓它們外露。

也不要因為你在這裡吃飯和工作，就二話不說直接選大的桌子喔！家具並非越大越好用，除了是否有需求之外，也需考量到大型家具的尺寸會不會影響到其他動線。我家因為坪數小，所以選擇小桌子，比較符合家中整體的比例。

🍃 規劃一個小小的轉運站

有時工作到一半需要用餐或有其他用途，桌面空間又沒有大到可以一分為二，只好先將工作用品移走，應該放到哪裡呢？大家可以根據自己家中空間規劃一個緩衝使用的物品轉運站，可以是個小平臺，也可以是個小推車，甚至是個小箱子都行，讓暫時無法歸位的物品都可以停留在這裡，等用餐完畢晚點再各歸原位。

物品轉運站可以選擇類似圖中這種，不使用時可以壓縮體積的收納箱，不占空間很方便。

如果是利用箱子當作緩衝臨停區，建議使用本身可摺疊收納的收納箱，如果用不到時可以摺疊好，也不會占據家中太多空間。

62 ## 如何規劃多功能公共空間？

Q 家裡沒有空房間當作書房或遊戲區，所以都擠在客廳，物品也多，應該怎麼整理比較好？

A 試著建立場域感，形成鮮明界線吧！

取捨永遠是第一步

想與朋友泡茶聊天、想擁有整片書牆做隻書蟲、想給孩子大空間跑跳探索、想規劃一個區域當作儲藏空間等，可能每一項都是你的夢想，但是理想很豐滿，現實卻很骨感，在有限的空間滿足一切需求，確實不容易。家中空間不足，如果需求很多時，第一步離不開「取捨」。

請先評估自己家中有哪些需求是最必要、哪些日常工作最需要空間？舉例來說，家有爬行中的嫩嬰，這段時間的地面空間就很需要淨空和乾淨，避免小朋友成為人體拖把。

如果嫩嬰長大開始會走路，他伸手可及的位置都必須注意物品的擺放，舉凡桌布流蘇、電線等都要重新規劃，

規劃多功能空間

不妨先想想需要規劃多功能空間的公共區域，到底會進行哪些事情呢？哪些事情最需要空間？哪些東西一定要出現在這裡？有沒有一些興趣類的物品可以暫時收到其他處？

如果不先做出評估與取捨，則物品繁雜又過量，接下來就很難打理，也可能很快就復亂。

🍃 多功能空間需要鮮明界線

一個空間想要多樣性使用，除了房子本身需要具有「可能性」，隔出空間感也是很重要的元素，形塑出不同區域，視覺和整理工作上都會有加分效果。簡單的方式即是利用一片地毯或一個矮櫃，就能區別出空間差。

一片地毯

我服務過許多需要打造遊戲空間的家庭，看到一片童趣地毯就可以輕鬆框住小朋友。而工程大一些的方式，像是增設拉門、有穿透感的透明玻璃、稍微有隱私性的霧面玻璃、各種屏風等，也都是常見的方式。

一個矮櫃

可以利用架高地面做空間差，架高的高度如果超過 30 公分，也可做為收納空間使用，只是這種收納在下方的非直覺式取物，很容易造成物品閒置過久，拿東西時還得先移除地面物品，其實並不方便，要特別注意擺放的物品類型，並且除濕機一定要常開，才能減少潮濕發霉的問題。

Before ⇨ After

以小套房為例，如果沒有好好的整理過，只會讓房子感覺更擁擠。

先將各種日常活動的需要的空間分開，再試著做到藏八露二（見 Q59-P.146），即使沒有任何物件做隔間，場域感也馬上提升。

63　一字型廚房太小，需要如何改善？

Q　我家是最常見的一字型廚房，空間窄小連層架都無法放，家電很多都在用，卻不知道擺哪裡適合？

A　不要被牆壁受限，讓廚房變大吧！

延伸廚房的空間

　　一個房子裡有很多牆，但是你可以選擇視而不見，聽起來有點虛幻？其實沒有，比如很多廚房太小，實在擠不下一個冰箱，大家就會很自動的把冰箱放到廚房外，對吧？不過比起「放到廚房外」，我更喜歡「將廚房延伸」這個說法。

　　如果你住進去之前就很了解廚房使用空間需要多大，也清楚有多少常用的家電，如此在找房或裝潢前就規劃好是最好的；如果沒有這個機會，大家可以試著不要被家中的牆面侷限住，任何空間都可以這麼做。

　　一字型廚房對於經常下廚且電器多樣的家庭，確實不夠用，如果犧牲現有電器真的太痛苦，建議就考慮延伸廚房空間吧！廚房鄰近的空間有適合的牆面可以擺放電器嗎？餐桌附近有櫃體可以利用嗎？或者將沖泡區和冰箱移到廚房外側，都是常見又簡單的作法。

將沖泡區移出廚房，通常不會有使用上的不便，又可以大大增加廚房置物空間。

🍃 利用層架垂直收納

　　不少人會選擇在廚房內擺放層架來增加置物空間，但層架如果太深或太高，又會讓已經窄小的廚房顯得更小具壓迫感。所以記得選擇深度落在 30 公分左右的層架，這個深度一般家電或湯鍋都還放得下，否則太深的層架會讓廚房變得難以行走，非常不方便。

🍃 移動性推車更靈活

　　推車也是另一種選擇，將常用的調味料或乾貨擺在推車上，有些品牌的推車第一層還可以加裝木板，變成一個可以使用的平臺，這樣原先要占用廚房流理臺上的物品就可以移除，物品減少則廚房視覺上會變大，實際使用的面積也增加。

　　越小的廚房越需要讓收在廚房的物品精簡，並且都是真正會使用的品項，如果空間不夠用了，減少備品或者將備品收到其他空間也是一種選擇。

利用推車的可移動性，也可以讓廚房的空間較靈活運用。

64 廚房檯面太小，如何備料？

Q 廚房的收納設計做得不理想，沒有足夠的抽屜與櫃體可以收納，東西只能放在檯面上，在檯面備料時非常不方便，可以如何改善呢？

A 抽屜不夠，用牆面湊囉！

🌱 常用的不一定要收起來

檯面保持一定比例的淨空，肯定能讓空間感擴大，如果現實條件做不到，也不用糾結在此處，使用頻率極高的物品擺在檯面上，說真的也沒什麼關係，畢竟有時候方便好拿取和視覺美感這兩者需要做一點取捨，也不是完全沒解方。如果願意花一點預算將檯面上所有的瓶瓶罐罐都統一款式和規格，即使檯面上東西多，也能呈現出另一種美感。

廚下櫃設計不好使用挺常見的，如果不符合你家的使用需求，也可以視情況將真正在使用的物品移至可移動的推車上，或是增加層架，而廚下櫃則當作儲藏備品空間或擺放久久使用一次的物件也是可行。

利用塑膠吸盤在牆上做收納，需注意牆面是否有毛細孔以及承重問題。

🍃 部分空間延伸檯面

經常開伙的家庭都會希望廚房可以再大一點就好了，之前我父母居住的房子就將原先留給冰箱的位置改為流理臺的延伸空間，使用上真的方便許多，也多了許多廚下櫃收納空間。

如果預算比較少的人，也可以到 DIY 賣場選購層板組合，一點都不難。我在相關的社團也看過有人這樣做，如果你的使用習慣是需要大檯面才好進行烹調程序，不妨考慮看看延伸流理臺喔！

🍃 利用垂直收納空間

有些家庭對於冰箱移到其他位置而感到有困難，不妨好好的利用牆面、廚上櫃下方空間等。

市售有不少免釘、免鑽、免黏的廚房收納用品，這些設計對於租屋族特別友善，不必擔心無法對房東交代，只需利用磁吸、卡扣等設計，都可以做到不影響牆面又增加收納的功能，還可以隨著不同需求隨時改變位置，既不留洞也不留殘膠，確實是大家可以參考選用的收納好物喔！

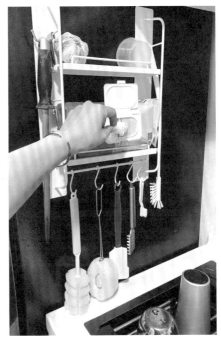

個人很推薦強力磁吸式的收納，吸力更強，也不會有鑽孔等問題，冰箱側邊都可以利用。

65 怎麼收才能立即看到需要的東西？

Q 廚房東西多，常常擺到忘記，有什麼能夠讓物品一目了然，不會收納到無法看見的建議嗎？

A 一定要先劃分出廚房的「黃金區域」或是有關聯性！

🌱 認識黃金區域

整理廚房物品，就一定要先劃分出廚房的「黃金區域」，我對黃金區域的定義是：「站著舉起手，不用踮起腳尖就碰得到、不用彎腰甚至下蹲就能打開的抽屜，視線清楚無遮擋，可以輕鬆拿到物品的區域都是精華區。」

所以大家可以先到自己家廚房站一下，看看廚房的設計和尺寸有哪些區域對主要使用者來說是最方便的，在這個範圍內的請放入使用頻率高的物品，才能發揮做家務的最佳效率。

🌱 重的往下、輕的往上

黃金區域通常會落在中段，所以上方和下方的櫥櫃就可以依照物品的重量來規劃。重物如果擺太高，拿取時不僅不方便且十分危險，加上確實看過因施工偷工減料，導致整個廚上櫃崩塌的可怕事件，所以廚上櫃物品擺放的重量務必斟酌調整，太重的物件都以下方櫃體優先。

整理好可以先利用家中現有的容器盛裝，圖片就是先利用紙袋分類，後續若有需要再購買適合的收納用品。

🍃 按照視線擺放物品

視線是評估物品擺放方向的重要指標，如果物品位置在高處，依照視線建議平行排排站，不要前後排，因為後排東西絕對會被前排擋著，東西擺得高又放得深，被遺忘的機率就大大增加，最後反而造成浪費。

物品如果被收在低處，如同冰箱最下層蔬果室或一般家庭常見的下層櫃體，收起來的東西切忌疊疊樂，因為視線往下看只能看見最上層東西，應該要改用直立式收納，視線才可以清楚掃過所有的物品，這樣無需動手翻找都可以直接找到東西。

黃金區域的物品反而就沒有那麼多擺法上的講究，自己思考「美觀」與「順手」，哪一個對你來說，更重要就可以了。

🍃 看不見的物品位置要合理

有些櫥櫃空間設計得很深，物品免不了需要前後排擺放，久了後排的物品就容易被遺忘。除了利用標籤來提醒自己，物品擺放在這裡是否合理？和周邊收納的東西是否有相關？這些都是方便讓自己找尋物品的方式。

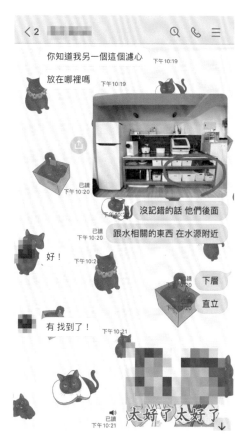

因為濾芯擺放位置在後排，不在視線內，但有關聯性，這就是為什麼整理師總能記得住你家東西放哪裡。

66 廚房備品需要如何收納？

Q 菜瓜布或清潔劑都是用完需立刻生出來的備品，擔心使用時找不到，所以習慣囤貨；出國帶回來的紀念品馬克杯也多，廚房快放不下了，怎麼辦？

A 備品不用準備太多，備過量還需要煩惱備品存放位置。

🌿 紀念品從廚房移除

出國帶回來的馬克杯你有在使用嗎？請先將物品做分類，如果馬克杯是在使用的杯子，則可以依照你家空間收在廚房、沖泡區或是餐桌附近；如果這些馬克杯不會被使用，純粹只是做為展示或者留念，這些馬克杯在你家的分類就不只是「杯子類」，而是「紀念品」類的物品。

基本上紀念品不會被收在廚房中，紀念品比較會出現在公共區域展示或私人空間儲藏，所以廚房有紀念品類型物件，可以收到其他空間。

🌿 備品可以細分種類

廚房備品可以分為幾大類，烹飪器具的備品通常不用準備太多，通常用到壞掉才需要更換，備過量只是需要煩惱備品存放位置。

碗盤餐具備品

準備給客人使用的居多，如果突然有狀況的，則免洗餐具可以先頂著用。

經常需要補充的品項可以放在廚房較下層的區域，其餘久久才需要補充的備品，則能視整體空間放在廚房或其他空間。

廚房清潔用品

菜瓜布、清潔劑，還有抹布、洗碗精、洗手乳、洗碗機清洗液、濾水器的濾心等，這些是用完一定需要再補貨的備品，這類型備品因為在水槽區使用，並且本身不怕水，放在洗手槽下方是很適合的位置。

調味類備品

可以放在原本放調味料的抽屜裡，但備品放比較深處，也可以和乾貨、乾糧等「要下肚的」備品收在同處，甚至可以將所有的「瓶罐類」擺在一區，視家裡空間狀況和自己的分類概念規劃都是可以的。除非用量大也用得快，可以購買適量或小包裝就好，若買大容量等用到一定的量之後，瓶罐本身會很占空間，如果使用速度也慢，說不定來不及用完就過期了。

說到過期，聽過很多委託人說「辣的不怕過期」、「甜的不怕過期」。我沒有這種想法，個人不太在意有效期限或賞味期限，過期也不代表不宜食用，請牢記廚房物品即使沒過期也可能已經變質，尤其是要吃下肚的更需特別注意，最簡單的方法是買剛剛好就好。

🌿 備品越多可能浪費更多

在過量與匱乏的兩種前提下，皆會反映出「用量」的不同。我舉個簡單的例子，如果牙膏已經快使用完畢，但是一直忘記要採購，接下來的幾天你應該會擠得比較小心，擠一個「夠用就好」的量出來，等新牙膏補進來後才能放心一點。有件事很妙，如果打開櫥櫃，發現有一堆牙膏的囤貨，你的用量絕對會有所不同，就算不小心手抖擠多了也不在意，反正牙膏多得是！

如果常用品牌的劑量剩沒多少時，你就已經添購了一個沒用過的新牌子，有不少人會因為想趕快換新、想嘗鮮，所以把舊有的物品趕緊用一用，也可能因此不在意當下的用量，這些在無形之中其實也是一種浪費。

67 全新廚具很多用不到，怎麼收比較好？

Q 家裡有好多長輩給的鍋具和一些碗盤贈品，很多都是全新的，似乎用不到，可以如何處理呢？

A 空間很小，別擔心拒收會失禮而讓人情物品入住！

🌱 治標的方式：稍微緩解

無論是全新未拆封或是他人贈送的物品，只要不是目前廚房正在使用的，都可以統稱為「備品」，這些備品應該如何收納呢？它們非使用頻率高的物品，所以肯定不會、也不應該出現在容易拿取的「黃金區域」（見Q65-P.158），除非你家廚房空間真的很有餘裕，否則請按照備品的重量來決定應該往上放一些或放下層。

如果你家有像儲藏室這樣的空間，可以將這些物品移到儲藏室，廚房空間請留給真正有使用的物品為佳。另外，許多人會將東西放在抽油煙機那格，這一格能不放東西最好喔！

抽油煙機處盡量不要放置物品，因為固定螺絲只有計算抽油煙機的重量，太重會有撐不住的危險，如果排風管沒做好，物品也會變油。

🍃 治本的方式：慎選慎思

治標的方式只能稍微緩解「有在使用的空間」，但無法解決真正的問題，並且一旦物品持續增加、沒完沒了，會連「儲藏用的空間」都會漸漸被壓縮殆盡。家裡會需要準備一些備品是很正常的，但是請思考你真的需要那麼多備品？家裡的鍋碗瓢盆是三、五天就打破一個，還是燒壞一個嗎？存放那麼多鍋具備品，需要何年何月才能真正汰舊換新使用到它呢？

如果現在已經有使用上並不是很順手的鍋具，不妨直接挑個新的取代它；如果家裡的碗盤已經有些缺角，就打開上次銀行或百貨公司贈送的贈品組合使用吧！

不宜將就著用

家裡的碗盤都是我精選過的，寧可不夠用，也絕不花錢買個「先將就著用」的碗盤，所以當時因為喬遷收到了精美的碗盤組盒。我的作法是淘汰掉原先寵物用的水碗，這樣我可以使用到好友的心意，原先的碗也不會過量，將深度適中的碗轉移給寵物喝水用，這樣家裡的每一個碗盤就不會浪費，看了也覺得開心！

禮貌拒絕對方好意

我曾拒絕過長輩的好意，因為家裡廚房真的不大，也沒有設計廚上櫃，所以長輩曾想送小家電，但我們評估後真的用不到也沒地方放，很禮貌的謝謝了對方的心意，其實長輩也完全可以理解。

🍃 避免自家變成資源回收場

家裡空間少，更應該只容納自己可以掌握的數量，用得到的東西就惜物好好使用；用不到的東西就不輕易帶回家，更不能讓自己家變成親朋好友的資源回收場。別人捨不得丟、又不願意占用自己家裡空間的物品，確實不應該出現在你家，而造成自己的困擾。

68 全部都是廚房必需品，需要如何收？

Q 我家很少外食的，幾乎天天下廚，會用到的物品也很多，每件至少一個月也會用到兩、三次，好像全部的東西都是必需品，應該怎麼取捨這些物品？

A 寫下每天都會用的物品，你會發現原來必需品沒有想像那麼多。

🌱 依照黃金區域概念分類

先重點回答問題，如果都在使用，請把最常使用的東西放在廚房的精華區，其餘的依據重量分配高低位置（見 Q65-P.158），這個基礎觀念是眾多相關書籍或文章會提到的，你應該要學起來喔！

🌱 寫下每天都會用的物品

曾看過一部根據江戶時代真實事件改編的有趣電影，電影中有一位武士，武士家中有好多他好喜歡、很重要、有在用、都不能丟的東西，可是劇情的主要任務是他們全村都要「零預算」搬家。

人力吃緊，又沒有多餘的錢，真的無法讓大家帶走全部的物品，如果無法達成這項任務，則負責人還需要切腹謝罪。所以負責人只好出奇招，告訴這位武士，請把你要帶走的物品寫下來吧！你寫得出來代表真的很喜歡、很重要、有在用、都不能丟，我都會讓你帶走。大家猜猜這位武士寫下多少物品？他有成功帶走全部的東西嗎？

廚房上櫃通常橫跨了黃金區域與非黃金區域，就算有收納用品也需要分類並調整位置。

上櫃最靠近自己的那一層是黃金區域，但上兩層就沒有那麼方便拿取，所以閒置或較不常用物品可以從最上層開始擺放。

必需品其實沒有想像那麼多

你也可以試試看，在不進廚房的前提下，試著寫下最常使用、最不可或缺，無論如何都要保留在廚房的用品。你會發現寫出來的物品數量，和你廚房實際的物品數量相差甚遠，可能還會發現如果只留下這些東西，甚至不需要這麼大的廚房！

這個概念也可以運用在任何一個空間中，因為能讓你寫得出來的東西，肯定是真的有在用、有存在價值、必要性的物品；沒寫到的，大概就是久久用一次，找不到也可以有替代物品，或是可有可無的類型，這些東西就是讓你家越變越小的幫兇之一。

最後，電影中的武士幾乎寫出了所有物品，他說的沒錯，他真的都記得自己有什麼，雖然也遺憾的遺漏掉幾樣無法帶走，但是武士能寫出來的品項肯定都比各位多啊！如果家中所有空間的東西都可以仔細回想、好好檢視，你也會發現原來有好多物品根本沒在用，而且沒有也沒差耶！

69 烘碗機可以放常用碗盤嗎？

Q 我家常用的碗盤滿固定的，所以為了好拿都直接放在烘碗機裡面，這樣可以嗎？或是有更好的建議？

A 沒有不行，只要找出適合自己家的收納方式就可以了。

🌿 烘碗機應發揮該有的功能

先來說說烘碗機的款式，大致分為三種：懸掛式、落地式和檯面式。懸掛式的位置會落在洗手槽上方，像我屬於矮個子，把碗盤放上去時，水滴總會沿著手臂往下流實在很惱人，所以自己當初在規劃廚房時堅決不要烘碗機，這只是我個人偏見，大家參考就好。落地式大部分含洗烘模式、體積較大，適合經常開伙的家庭，也有維持婚姻三機之一的江湖名號；檯面式則較方便移動，適合小坪數或人口少、常外食的家庭使用。

烘碗機用途是什麼？

顧名思義就是烘乾碗盤的機器，但是大多數人總是直接把這個區域當作碗盤的家，碗盤洗好了就往這裡放，下次要用就直接從這裡拿，聽起來很方便。似乎也間接證明會出現在烘碗機裡的，才是真的有使用到的數量，那麼廚房其他抽屜裡的碗盤不就等於根本沒在用嗎？是不是將無用的碗盤移除，廚房空間又變大了呢？

如果你說：「我們家的烘碗機從沒啟動過，真的是拿來當放碗盤的地方。」也沒有不行，只是若沒有烘碗機的需求，當初不如直接規劃系統櫃收納，空間還比較大一點。有些家庭是因為原先設計放置碗盤的位置不好用，所以將碗盤收在烘碗機。沒有不行，只要找出適合自家的收納方式就可以了。

曾經有一位粉絲留言給我：「把烘碗機當置碗櫃使用，才是正港的臺灣人！」我沒有反駁，因為我從業的八年以來，看到的實際案例確實是這樣沒錯，只把烘碗機當作烘碗機的家庭反而極少見。

🍃 手未碰水前就收碗盤

提供大家一個方法，我已經行之有年，只需要一個動作，就可以避免碗盤烘了又烘，晾了又晾。無論你進廚房是要準備來杯早晨咖啡，還是準備洗菜洗碗，只要在手還沒碰水之前，先將已烘乾一整晚的碗盤取出，放到碗盤應該去的地方，餐具也回去餐具的家，才開始繼續你原本的動作，這樣剛洗好的碗盤就不會沒位置烘乾，也不會有長期閒置都忘了使用的碗盤。

真的只要一點點小小的改變就夠了，養成好習慣之後，烘碗機可以繼續發揮功能，你也能完全掌握家中碗盤的數量和使用頻率，再也不會有乾的濕的杯盤都擠在這裡的窘境。

許多人覺得這種幾百塊的瀝水架很醜，我倒覺得色系清爽可以融入背景中，瀝水架不會顯得特別突兀。依照我家兩口的使用方式，其實足夠了。

70 冰箱空間不夠冰怎麼做？

Q 常常有剩飯剩菜，冰箱空間都不夠，過年更是如此，將碗盤的飯菜裝入保鮮盒還是放不下，應該怎麼辦？

A 冰箱要有臨停區，並留意常購買的最大體積食材或飲品尺寸，臨停區的高度至少需能放下這些東西喔！

🌱 看不見的收納只能放七成滿

任何關起抽屜、關起門來就看不到裡面樣子的，都稱為「看不見的收納」，冰箱只要門沒有打開就看不見內容物，所以也屬於看不見的收納。凡是看不見的收納，建議物品都只擺放七成滿是最好拿取的狀態，最多不要超過八成，否則要移動、新增或取出，都會有困難。

冰箱除了需要好拿取外，還有食材保鮮與溫度的控制問題，所以擺放在冰箱內的食材數量不宜過量，一旦過量會不好找東西，因為記不住冰箱的物品，長時間開開關關，這樣一來壓縮機的工作量大增，冰箱會非常耗電。

看過新聞報導，專家指出冷藏庫確實需要預留空間讓空氣循環，所以必須控制好食物量，但冷凍庫則可以放好放滿，能讓冷凍效果更佳。

依照自家採購習慣來規劃臨停區高度，可以抓至少冰得下一鍋湯、一顆西瓜、一盒蛋糕的高度。

☘ 臨停區高度很重要

　　不管你的家人吃不吃隔夜菜，都需要整理出一個臨停區。因為有些時候突然需要空間而又不夠放，像是有家人或朋友過生日，需要冰一個蛋糕，蛋糕又壓不得，這時候有臨停區就很方便。突然買了一顆大西瓜，也需要有足夠的空間擺放吧！或是長輩送來了愛心補湯，也會需要空間存放。

方形保鮮盒確實是好幫手，利用空間又好辨識，如果數量多可以搭配收納籃一起使用。

　　我常去美式賣場購買牛乳，但是冰箱側門架尺寸偏小，又不放心讓牛乳倒著放，擔心瓶蓋外漏需要大清潔，所以臨停區高度就會根據我最常買的牛乳罐安排，各位也可以想想看平時最常購買的最大體積食材或飲品是什麼？臨停區的高度至少能放下這些東西，在空間使用上會很有幫助喔！

☘ 內容物辨識度佳

　　空間不夠時，可以利用收納籃或保鮮盒搭配使用，必須選擇規格統一又透明的保鮮盒，這樣可以節省空間又能看得見內容物，比起用塑膠袋包起來更好辨識。將食材依照使用份量分裝，也可以避免重複退冰等問題。

71　冰箱不同區域的擺放方法？

Q 我家冰箱滿大、深度也足夠，食物放在後面就看不見了，常常冰到忘記。而且冷凍區與下方的蔬果室好難收東西，總之冰箱一團亂，如何擺放好呢？

A 依照視線，決定食物的擺放位置和呈現方式就可以了。

🌱 清潔整理前，先停止增加食物

如果你有意識到自己常常是想著要省點錢而購買大容量，但卻因為忘記、找不到等理由反而浪費更多，恭喜恭喜！至少你有發現問題所在。當你知道自家冰箱和採買方式都需要重新整理時，這陣子請暫時少買一些。

既然要整理冰箱，不如也趁這個機會清潔一下沾有血水、液體的層板和冰箱內部，畢竟沒有比這個更好的清潔時機了！光是把所有東西都取出，其實就會耗掉不少時間，冰箱可能會一直發出警示聲音提醒你，整理時冰箱會開開關關，最好的方式就是這陣子先停止增加食物量，等整理完後，再好好評估到底需要補哪些貨吧！

從上往下看的位置，物品都可以直立式擺放，這樣才可以一目了然，不會只看得見最上層物品。

🌿 依照視線改變擺法

　　和視線平視的冰箱空間，因為只看得見最外側的東西，所以建議使用收納籃將同類型物品都放置在同一籃，有需要就抽出籃子，後方物品馬上就送到眼前，也不會因為要拿取後方物品，就必須先將前面東西移除的困擾。

　　像是冰箱下方的位置，由於視線改變，從平視轉變成往下看，這時候物品就應該改為立著放，如此才不會有任何一樣食材被遮擋住，導致忘記吃而過期，變成得丟棄了。這個視線擺法可同樣運用在視線需要往下看的抽屜裡。

打開冰箱第一眼看哪裡？

　　大家應該都知道食材需有進有出、先進先出的概念，但要怎麼擺最不易忘記呢？如果不想花時間標籤可以嗎？

　　當然囉！懶人如我，我的方式是將比較有時效限制、最近需要盡快吃掉的食物都擺在視線的第一位置，也就是冰箱門一打開，視線最先停留的層板上，這樣有助於提醒自己必須優先處理這些食物，再不吃就要壞掉了，這招很簡單也很有效，大家可以試試看！

清爽整齊的冰箱不僅好看，還可以讓你清楚用量再採買，確實可以省下不少錢。

72 家中空間小沒有玄關，必須如何規劃？

Q 我家坪數小，其實沒有一個真正的玄關，只能大概框出一個範圍，所以不清楚如何配置？又應該要放些什麼在玄關呢？

A 玄關的樣貌與出現的物品因人而異，會到戶外使用的物件就可以收在玄關。

🌱 玄關建立空間感

玄關是區分室內與室外的緩衝區，也是一進到家中最先映入眼簾的空間，玄關不一定要大，但若規劃得好，機能多元，使用上絕對可以大大的加分。

有些房屋並沒有玄關，進門後就直接進入居家空間，缺少玄關這個空間總是覺得少了點什麼，除了風水上會有考量，也讓人擔心開門時家中隱私度不足。其實可以利用鞋櫃或屏風，又或者是洞洞板等穿透性高的物件來建立空間感，同時又不會讓空間顯得太壓迫。如果整體格局不允許，玄關區域的地面可以設計高低差或利用不同材質呈現，一樣可以輕鬆打造出落塵區。

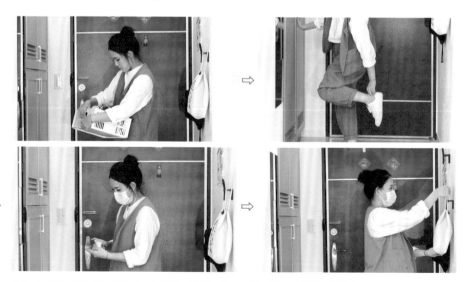

之琳在玄關的日常流程很固定，挑襪子、穿脫→鞋子→戴口罩、噴酒精→掛包包。

想想在玄關會做的事情

以自己為例，穿脫雨衣、收傘、穿脫外衣、穿脫鞋襪、放包包、噴防蚊液防曬乳、補充包包裡的面紙、酒精和口罩，搭配圍巾或帽子，照鏡子確認服儀等，以上都是我進出家門可能會發生的事件。玄關空間的規劃必須配合我的需求，所以兩扇大門內外都有掛鉤，大門外的掛鉤掛雨具、大門內掛鉤掛外套和包包。

鞋櫃裡搭配幾個收納籃，可分類收納襪子、口罩、發票箱、面紙等，鞋櫃旁還有一面鏡子，讓我出門前好好檢視有沒有線頭外露等。對我來說，玄關滿足了我的所有需求，大家也可以先想想在玄關處，你通常會做些什麼事情？需要規劃什麼道具來輔助，這樣會更容易有理想玄關的樣子喔！

玄關出現在戶外所使用的物品

大家的玄關長得不同、需求不同，所以玄關的樣貌與出現的物品因人而異，先說結論，會到戶外使用的物件就可以收在玄關。

哪些是在戶外使用的物品？

野餐墊、行李箱、球拍、球具、防蚊液、防曬乳、口罩、購物袋、安全帽、雨具等，這些東西基本上都是帶出門使用，不太會在家裡用。它們被收在玄關不會錯，但像是嬰兒推車、腳踏車、滑板、溜冰鞋、蛇板等戶外用具，你家若有更好更大的位置收納也可以，不一定要收在玄關處，擔心影響進出動線。

你在玄關還會做什麼事情呢？

1 拆信件、包裹：準備一支美工刀或拆信刀在玄關，就會很方便。
2 訊息提醒：大門上可以設置一個留言板或磁鐵區，提醒自己有待辦事項未完成。
3 穿脫襪子鞋子：可以視空間和習慣在這裡設置一個穿鞋椅。

想一想你在玄關的日常活動，再來規劃最適合你的玄關吧！

73 鞋櫃需要如何挑選？

Q 我買錯鞋櫃導致無法放進鞋子，而且也無法養成習慣把鞋子收回櫃子內，是不是選擇沒有門的比較適合呢？

A 這個問題本身就問得不對，得從最根本處著手！

空間限制量，老套卻有用

許多人都有鞋子收不進鞋櫃裡的困擾，與其想著現在應該怎麼解決？或許可以在更早以前就避免這件事情發生，所謂預防勝於治療就是這個意思。

當你有買鞋櫃的需求時，請先算把鞋子全部算出有多少雙？根據數量挑選適合的鞋櫃尺寸，就沒問題了。當你想買鞋的時候，想一想家中鞋櫃還剩餘多少空間？買一雙就丟一雙可能太難，做不到一進一出也沒關係，但是適度的有進有出，可以嘗試做做看。

鞋櫃空間與鞋子數量失衡時，請增加鞋櫃或減少鞋子，就是這麼簡單。因為物品只要過量，你怎麼整理都是治標不治本，部分收納用品可以讓你多幾雙鞋的空間，但也很有限，最終還是得靠自己控制數量與空間的平衡。

鞋子收納需注意潮濕問題

如果因為一些不可抗拒的因素，鞋子就是沒辦法全部收進鞋櫃裡面，就應該進行鞋子的換季。季節性的鞋子另外收起來，收在哪裡我無法明確告訴你，因為這需根據整個家的空間進行評估，但是一定要注意潮濕的問題，不然鞋子被長期收著，不到半年很容易偷偷發霉囉！

鞋櫃有門比較好嗎？

　　這也是個人喜好問題，沒有門片遮擋通風效果好也容易消除異味，有門遮擋可以避免鞋子有過多灰塵沾染。我依然喜歡有門，因為鞋子確實在視覺效果上無法加分，寧願勤勞一點除濕去味，也希望空間清爽些。

若層板調整空間有限，也可以使用伸縮桿多收納一些鞋子。

🍃 不進鞋櫃的鞋子不能多

　　現在許多鞋櫃設計讓底部挖空，方便大家回家時不用彎腰就可以換好室內拖，一、兩雙穿搭非常頻繁的鞋子若不想收進鞋櫃裡，其實影響不大，擺整齊就好。這也是個人選擇，有些人習慣最常穿的鞋子不收進鞋櫃裡，放外面也可以通風。

　　舉自己例子，我只要換上室內拖後，就喜歡保持玄關地面淨空，不僅看起來舒服，打掃時也不用特別彎腰拾起地面鞋子，玄關地面也可以較方便維持乾淨。

鞋櫃側門邊如果空間允許，也是可以收納的地方，像是拖鞋、雨具等。

74 浴室用品和備品的擺放技巧？

Q 常用的沐浴用品很容易變得黑黑的，一定要架高嗎？備品也不知道應該如何收納才好？

A 牆面空間的垂直利用很重要，物品架高不落地能預防水垢。

🌿 架高不落地，預防水垢

浴室的沐浴用品應該避免直接放在地面上，不只是久了物品接觸地面的地方容易產生一圈水垢、有礙觀瞻，水漬長期在物品邊緣處潮濕又容易滋生細菌。

如果想要清潔地面，必須多個步驟將東西移除，想想一點優點都沒有，所以在浴室使用的任何物品都不要落地，會是最佳作法。

內嵌收納容易有積水困擾

你可以挑選適合自家狀況的用法，有些人會設計內嵌空間擺瓶瓶罐罐，我倒是沒有很喜歡內嵌收納，因為會有積水的問題。以前租屋處使用過塑膠層架，拿取東西都要彎腰，而且常常要刷洗，否則發黃的水垢看起來不太清爽，這卻是最簡單又便宜的解法。

浴室使用完畢，盡快保持乾燥

個人也不太喜歡過多的金屬釘在牆面上，雖然用牙膏就可以輕鬆清潔乾淨，但只要不小心生鏽之後，就很難光亮如新，所以在浴室使用完畢後，盡快使其乾燥，這點真的很重要，是避免產生水垢與生鏽的不二法門。

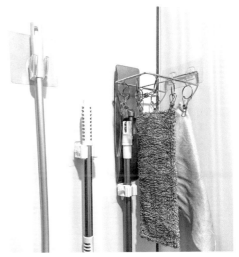

我家浴室只有一根金屬掛桿，其餘都是搭配收納籃或無痕壁貼輔助收納物品，我和小鬍子一人一籃，各自控制自用的物品量。

我在浴室一角貼不少無痕收納輔助品，收著常用的清潔用具，清潔劑我習慣擺在洗手槽下方，避免水垢產生。

🌿 備品需要囤多少為宜

　　無論任何空間的備品都是一樣的，需根據你「現有」和「有限」的空間採買，適量採購才能知道你真正的用量，為什麼這樣説呢？因為不少人都喜新厭舊，有時舊的還沒用完，看到新品又想買來試試看，如果備品還有很多，很容易產生「想要趕快用完」的心態，這時候你會不自覺地加大用量，或用在明明不需要的地方，其實無形中也是一種浪費。

　　以自己來説，比較傾向先購買小包裝，使用很滿意再考慮購入大容量，可以減少購買的時間成本或運費，並且用量還不需要補充時，我也會避免購入新品。真的很想嘗試也優先考慮輕量包，這樣一來備品就只會在需要時增加，而不會莫名其妙買了一堆，用都用不完。

如何選擇書櫃與整理？

Q 我家書櫃似乎太大，上面的書基本上拿不到，其他的書太小只好擺兩排，總覺得書是好看的，擺出來應該會加分，但我的書櫃亂到很扣分，怎麼辦？

A 書櫃尺寸很重要，選對就很容易加分！

🍃 認識常見書籍尺寸

大部分常見書籍尺寸都落在 16 開、18 開、25 開、32 開，所以書櫃深度約 30 公分左右，基本上應該足夠使用。因為要放的是書籍類重物，不建議選購深度小於 30 公分的櫃體，但也不宜選擇太深的款式，書籍前方容易被隨手置放雜物，久了會影響取書，視覺上更是容易顯亂。

另外，每一層的層板寬度建議不超過 90 公分，避免書籍過多影響耐重度，層板容易變形。童書比較多大大小小的尺寸，建議選擇層板可調節的書櫃，各種繪本才能好好收起來。

開本	開本尺寸	建議對應層架尺寸	備註
8 開	寬 26 公分 × 高 37.5 公分	可以考慮橫放	
16 開	寬 19 公分 × 高 26 公分	高 30-32 公分 × 深 30 公分	層板寬度
18 開	寬 17 公分 × 高 23 公分	高 28-30 公分 × 深 30 公分	建議不超
25 開	寬 14.8 公分 × 高 21 公分	高 26-28 公分 × 深 30 公分	過 90 公分
32 開	寬 13 公分 × 高 19 公分	高 24-26 公分 × 深 30 公分	

🍃 書籍擺放方式

書籍確實是很容易讓人感到「數大便是美」的種類，只要擺放時稍微注意小地方，書櫃或整面書牆就能讓家裡充滿書香氣。

依照大小排序

第一種方式是依照書籍大小排序，較常見的書籍尺寸就上述那幾個，所以把相同規格的書擺放在一起，都會很整齊。如果是孩子的書籍，一個系列的書本收在一起就沒錯，有點強迫症的人還可以按照集數編碼安排，由左至右或由右至左，找尋特定書本時就會快速許多。

依照顏色排列

除了依照尺寸大小擺放，也可以用顏色來排列，同色系的放在一起，看上去也會有不一樣的效果。書牆夠大，則可以嘗試看看用彩虹排序，排列出的成果會非常壯觀，也不需要按照尺寸排列就會很好看，但不一定方便找到你要的那本書囉！

🌱 向最大的那本看齊

由左頁表格可得知，常見書籍尺寸的寬度就從 13 公分到 26 公分都有，足足是一倍的寬度，如果在擺放書籍時全部向櫃體最深處推，那麼呈現出來的樣子會非常不平整，所以在排列時要以「最大的那本為主」，所有尺寸比較小的書都要向最大的那本書看齊，這樣視覺效果會更好看喔！

圖片中的櫃體其實深度適中，只因為委託人擺放的書籍是漫畫類，漫畫比一般書籍尺寸來得更小，所以數量一多就需要前後排擺放，但後排的書很容易放到忘記。

將書直立排整齊不堆疊，除了拿取方便，也會增加閱讀意願，更可以當作擺設的一種。

76 需要規劃儲藏室嗎？

Q 每次看到別人家裡有儲藏室都好羨慕，感覺很多東西都可以收在這裡。如何知道自己需不需要儲藏室？有儲藏室真的比較好嗎？

A 儲藏室千萬不要變成雜物間喔！

先認清有沒有需求再規劃

儲藏空間對大家來說應該都是「有總比沒有好」，對我來說，家中如果沒有這個空間，反而讓我更仔細審視要進入家裡的每一樣物品，會更注意物品的品質和顏值。因為沒有空間能收起來，我會花很多時間做功課，挑選又好用又好看的物件，就算擺在家中任何一角也不突兀，能夠輕鬆融入每個空間的物品，所以對我而言，沒有儲藏室並不是什麼缺點，反而可以更精準消費。

家中若有適合的空間規劃儲藏室，請先想想自己真的有需要這樣一個空間嗎？儲藏室裡到底要放什麼東西？這些東西沒有其他位置可以擺放嗎？因為要規劃一個儲藏空間一定會有些坪數被犧牲成為走道，一坪不便宜，考慮清楚再來設計吧！

儲藏室不是大坪數才能擁有

也許大家會煩惱自己家坪數不夠大，可能無法再分出一、兩坪出來。其實儲藏室不一定需要另外隔出空間，如果擔心有坪數上的浪費，可以利用家中畸零角落來設計。

我現在的家雖然不到十坪，但是內崁式的隱藏層櫃不少，視覺上並沒有壓迫感極大的櫃體，樓梯下方也有個小空間讓我存放貓砂、貓咪外出籠的地方，讓小空間發揮最大效能來收納。

🌱 儲藏室不是雜物間

從業八年來有不少案例都是需要協助整理客廳或廚房，但是經過我們到現場評估後，發現問題大多出在家中的儲藏空間。不少人會因為家中有儲藏室空間之後，產生了一種「反正先放進儲藏室再說」的念頭，但是日積月累之後，數量往往已經難以收拾，所以當儲藏室容量已滿，客廳或廚房的生活必需品又不斷補充，東西自然也藏不起來了。

所謂「擒賊先擒王」，整理家裡一定要先找出亂源所在，不妨先巡視一下你家的儲藏空間吧！有沒有當初擺在這覺得「有一天會用到」，但幾年過去了，碰都沒碰過的東西呢？有沒有已經擺到根本不堪用的物品呢？把這些東西清掉，應該進儲藏室的物品才進得來。

通常會出現在儲藏室的物品大多是換季家電、行李箱、生活備品、聖誕樹、孩童未來使用物品、儲藏的酒、備用寢具等。每個家都不太一樣，有儲藏室的好處是「找東西統一到一個地方找」，但要分類好並且妥善規劃，不然也是變成一個雜物間而已。

Before ⇨ After

在還沒懷二寶前，屋主都認為這間倉庫堆著似乎無妨，但懷孕後意識到未來家中可能會需要多一間房間，才下定決心整理。

當整理動機出現，一定要整理好，判斷能力會變得更快更堅定，放了幾十年的物品一秒鐘就可以決定說再見。

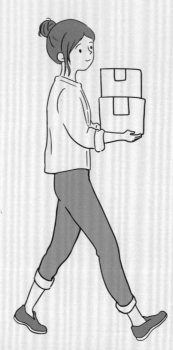

孩童物品收納與學習建議

只會嚷嚷著要孩子去整理是不夠的，
更重要的是請告訴孩子可以怎麼做。
孩子的成長階段歷程很豐富，
單一作法必定無法滿足所有年齡層的需求，
可以從空間配置開始到引導孩子自己做，
打造一個大人與孩子都可以輕鬆維持的親子空間吧！

77 孩童使用的空間如何規劃？

Q 想要給孩子規劃看書、玩玩具的空間，未來長大後還希望有寫功課的地方，不知道應該從哪裡著手？

A 不用急著一步到位，只需將基底打好，隨著年齡變化與成長需求中調整。

🌿 依照階段大方向規劃

孩子在每個年齡層皆有不同的需求，所以不需要太急迫的將房間從 0 歲一口氣規劃到 18 歲，只需將環境基底打好，再隨著年齡變化與成長需求中稍微調整即可。

大家可以在孩子的每個階段挑選出一、兩個重點做主要規劃，餘裕時再將次要規劃納入環境中。孩子的需求只有家長最清楚，以下是個人從事保母工作經驗分享，僅供參考。

0～1歲：好好入睡

嬰仔唔唔睏，一暝大一寸，嬰兒時期的睡眠時間很長也非常重要，嬰兒小睡片刻也是家長僅能鬆口氣的時刻，所以在空間安排上可以更注意採光、遮光、噪音干擾及睡眠安全。

1～3歲：好好探索

這時期的孩子開始學著走及攀爬，會運用身體的肌肉做很多新嘗試，居家環境會給予這個階段的孩子提示，所以務必注意能攀爬的沙發、能抓握的窗簾、還有地上的小紙屑或小昆蟲，將危險直接移除來取代不停告訴孩子：不可以、不行！

3～6歲：好好遊戲

幼兒階段的孩子，他們的大小肌肉的反應都成長不少，玩具體積越來越小，家中玩具種類也會開始增加，所以規劃出一個讓孩子玩遊戲，和遊戲結束後收玩具的地方，就非常重要，收拾的習慣越小培養，成效會越好。

6 ～ 12 歲：專注學習

上了小學的孩子，除了原先的玩具和書籍，也會增加學校相關的書籍和文具，家中也需要一個專門的區域讓孩子能專注寫功課。如果為孩子安排其他才藝課程，則需要多騰出一些空間安排練習，更能加強親子互動交流關係。

12 歲以上：保有隱私

12 歲以上的孩子已經不能稱為兒童，這個階段的青少年有更多自己的物品，需要的空間、櫃體或收納用品也會增加，可能有自己的小祕密，所以在環境安排上請給予一些隱私空間，也是這個時期孩子所希望擁有的。

Before ⇨ After

孩子暫時沒有睡房間，房間不小心就會變成倉庫，需要在生活中養成意識，不屬於這個房間的物品就不放進去。

即使孩子暫時與家長睡，或是多個孩子怕孤單睡一起，也盡量維持住孩子房間的功能。

🌱 制定空間任務與界線

每個家庭的情況不同，並非每一位孩子皆能擁有獨立的房間或遊戲間，但是家長可以依照家中空間的取捨、孩子的年齡和需求搭配視線身高，來規劃適合孩子們的空間。

先將空間和使用情境的界線劃分出來，就可以讓所有家人習慣不同的「場域感」，這樣東西應該去哪個空間、收拾到哪裡，都會簡單化。場域感的劃分不一定需大工程砌牆，利用活動型隔板、地毯、櫃體做簡單隔間劃分都是可以的。

78 如何教孩童自己收納？

Q 我和另一半都有整理意識，有孩子前家裡真的不是長這個樣子，有了小孩之後天天在玩具堆生活，請問如何讓小孩主動收拾玩具？

A 你們就是小孩的榜樣，初期收拾給他看、中期陪著他一起收、最後引導他自己收就可以了。

🍃 玩具不好收純粹是過量

幾乎所有的家庭都會把家裡亂的根源歸咎於孩子和玩具，但玩具本身並沒有什麼問題，也不會比老公的 3C 線或老婆化妝檯上的瓶瓶罐罐來得棘手，所以認為玩具很難收，問題肯定是出在數量。

試想你只帶了一個行李箱去旅店，退房前應該不會太難收；如果是一家四口的行李，退房前就會需要多一點時間對吧？玩具也是這樣的，一些積木、一盒桌遊、幾臺小車子，不難收拾吧？如果是家中到處都有玩具四散、樂高滿地散亂、車子軌道綿延不絕、沒拼完的拼圖還在地上、帳篷裡的球都滾出來，看到就非常頭痛吧！

玩具為什麼變多？

玩具會多的原因，追根究柢依然是大人同意讓這些玩具進家門的，需要拿出多少數量給孩子玩、玩具需要換季，這些都是掌握在大人身上。有沒有在一開始就規劃好孩子玩樂的空間？有沒有提供適合的收納用品，讓孩子將玩具收回去？

依照孩子的發展給予引導和指示，像圖中的兩種標籤型態。左邊文字款適合上小學後的孩子，右邊大圖示則適合學齡前小朋友。

這些都是大人的事前工作，玩具本來不難收，難收的是過量的玩具，控制在自己和孩子都可以掌控的數量，玩具就會帶來快樂，而不帶來負擔。

🌱 收拾給他看、陪著他收、引導他收

如果沒有人教、沒有人做示範，孩子很難知道玩具需怎麼收，所以身為孩子的榜樣，更要做到「初期收拾給他看、中期陪著他一起收、最後引導他自己收」。唯有示範的過程中給孩子鼓勵和讚美，讓孩子也覺得自己做得很好，再搭配適合的空間與收納，最後讓孩子養成玩完就將玩具收回去的好習慣。

父母務必以身做則，無論何時何地都落實物品從哪裡拿、放回哪裡的原則，因為孩子一直受父母的潛移默化，言教不如身教，與其碎念一萬遍也沒有被聽進去，不如身體力行的做給孩子看。

當然過量的物品連大人都無法掌控了，更何況是小孩，所以前提依然是提供孩子能夠處理的玩具數量，這樣玩的時候不會失去專注力、收拾的時候也不會失去耐心與自信。

市面上有販售這種壓克力標籤掛架，內容物的紙張可隨著物品改變而替換。

不同年紀的孩子，應該給什麼樣的指令？

Q 家中有規劃一個空間專門給小孩玩玩具和收玩具，可是我總覺得自己在對牛彈琴，小孩根本聽不懂。是我的指令錯誤，還是孩子沒有收納天分？

A 整理收納的 DNA 會遺傳，但也可以改變與學習，千萬不要放棄啊！

整理收納的 DNA 會遺傳

整理收納的 DNA 確實會遺傳，孩子一直深受父母的影響，從對居家環境的標準、日常飲食、生活習慣到更嚴肅的（例如：三觀），父母的作法真的很重要喔！不過也有像我這種基因突變的小孩，原生家庭就是家裡有點亂的家，家人對於整理的標準沒有我這麼高。

收納基因遺傳可以分成兩種，一種是先天的，就像我這樣典型處女座；另一種是後天受到外部因素影響而改變，比如看完近藤麻理惠的書突然頓悟的人、由於在家飾賣場工作養成美感者、因為受到健康影響非得把家裡整理乾淨的人等。整理收納的 DNA 會遺傳沒錯，但也可以改變，千萬不要放棄啊！

依照孩子年齡設定標準

我從事保母工作時，所帶的小孩一歲到九歲都有，在那幾年無限輪迴陪孩子玩遊戲和收玩具的過程中，深刻了解到不同年齡層的孩子務必用不一樣的標準對待，才能事半功倍。以下說明和建議，爸媽可以根據孩子的特質與家中習慣做適當調整。

圖中的四種收納方式不太一樣，也適合不同年齡層的孩子，家長需要隨著孩子的成長變化做調整。

1 歲開始

一歲左右的孩子已經可以聽懂很簡單的指令，加上這個年紀的孩子玩具還不多，玩具體積也偏大，所以準備一個又大又深的籃子，讓孩子知道玩完後需要丟進籃子裡，即使他丟進去後又撿出來玩也無妨，因為數量不多也不會造成太繁複的收拾工作，必須不厭其煩的重複收給他看，只要孩子做對了，就給他一個肯定的回饋，讓他知道收玩具好玩，收玩具能讓爸媽開心，收玩具也可使自己獲得肯定。

3 歲至學齡前

隨著孩子的肌肉與精細動作發展越來越好，玩具開始增加、玩具體積也會出現一些小零件。雖然種類變多了，但別忘了孩子能聽懂的也更多了，所以可以將原先的大籃子改為幾個中型籃子，依照家中玩具種類選出幾個簡單的大項分類，像是娃娃、車車、蓋房子的，或是硬硬的、軟軟的、可以拼起來的。

利用圖示做幾個大標籤提示孩子，從很簡單的分類開始練習，不用擔心孩子分錯籃，你應該看到的是他已經學會了遊戲結束後必須收拾玩具，而不是執著在放錯籃子的小細節。如果一直在意這些小地方，只會讓家長更焦慮，請放過自己吧！

上小學後

上小學以後的孩子，除了玩具、書籍，可能還有當年度流行的卡通人物周邊，物品的增加來源不一定來自家長，你可以給孩子一個專屬空間，用這個空間來平衡物品的數量，在空間內能收好都不過分干涉，當空間超載再來討論需要淘汰或其他作法。

孩子在學校或圖書館都是能遵守規則的，所以家中也能如法泡製，讓孩子遵守家裡的規矩，像是書本一定放回書架、玩具需收回玩具櫃、自己的東西只能收在個人的抽屜、出現於公共區域的物品就由爸媽處置。

80 玩具應該留或淘汰，如何判斷？

Q 想知道淘汰玩具有沒有判斷標準？如何知道玩具過量、玩具應該捨棄呢？

A 需要掌握適齡、適性、適量。

🌱 適齡、適性、適量，三者缺一不可

如何知道目前的玩具適不適合孩子，第一考量絕對是「適齡」，玩具是否符合孩子目前的年齡與發展所需？依照孩子目前成長所需和能力所及挑選適合的玩具。平時陪著孩子一起玩，就可以在第一時間發現玩具是否超齡或晚點再給孩子玩，以免所需能力尚未達標，讓玩樂時充滿挫折感。

先由家長挑選出家中適齡的玩具後，接下來就要給孩子選出「適性」的玩具，不要因為孩子年紀還小，就剝奪了他的選擇權，請讓孩子留下他無論如何都想要留著玩的玩具吧！家長可以將心比心，身為大人的我們，也會有些明知道該丟但還是想任性留下來的物品，所以也讓孩子保留那些心愛的玩具吧！

利用透明的收納袋或透明盒收玩具，可以讓孩子清楚辨識玩具位置。

適齡和適性當然都需要一個前提，就是「適量」，家中到底有多少空間可以放玩具？家長選的玩具和孩子挑的玩具都挑出來之後，玩具收納空間還有餘裕嗎？如果空間已經差不多了，就不要再增加囉！過量的玩具不只難以收拾，還可能引發其他問題，像是孩子的專注力、親子間的摩擦等。

除了有損壞、材質差的玩具以外，適齡、適性、適量三者缺一不可，不符合三適的玩具都可以考慮斷捨離喔！

根據櫃體尺寸選擇相對應的收納籃，也可以讓玩具收納後看起來更整齊不凌亂。

🌱 符合孩子發展所需的玩具

我曾聽過一個兒童心理學家的講座，講座中提及以下這些品項都是有助於孩子的成長發展所需，像是積木、拼圖、球體、安撫玩具、聲音玩具、扮演玩具、繪本、蠟筆等，都可以激發孩子的創造力、想像力、抓握力、瞄準力、與同儕之間的相處照顧、有多種玩法或不設限玩法等，這些是家長可以優先考慮的玩具類型。

不知道各位有沒有發現，小朋友最喜歡的車子竟然沒有在建議名單中，其實兒童心理學家也有特別提到，不在名單中非代表這不是好玩具喔！因為孩子都有無限的想像力，所以任何玩具都可能有大人想不到的玩法，只要家長們經濟能力許可、家中收納空間足夠，想怎麼買都可以。

81 為什麼孩子的書桌永遠收不好？

Q 我有準備專屬的書桌給孩子，但總是把桌面弄得亂七八糟，東西常常找不到，我應該如何引導孩子收好書桌上的文具呢？

A 你如何切菜，就用類似的方式教孩子整理桌面。

🌱 書桌尺寸挑選原則

先想想孩子的書桌主要的任務是什麼？有些家庭即使準備了書桌，但孩子依然喜歡與家長在同一個空間，所以仍然在客廳寫功課，此時書桌的功能性並不高，尺寸自然不需要太大。

有些家長為了方便陪讀或是請家教，希望整理出一個適合的空間，讓所有人都可以專注在課業上，所以書桌的尺寸要大要小，可以先想想書桌的任務是什麼？單純寫功課？會有勞作時間？在書桌椅子坐好看書嗎？這些都是需要考量的因素。

書桌功能與配置

市面上一些書桌設計多元，上方具多層開放空間擺書、下方有抽屜置物。我整理過無數個孩子書桌的經驗來看，書桌越簡約越好清

學齡前的孩子書桌和椅子通常是這個尺寸居多，但是上小學後就得隨著身高變化更動。

潔，不然光是橡皮擦屑從檯燈的電線孔洞掉進抽屜就挺麻煩的。如果能置物的空間越多，東西就會莫名其妙一直增加到填滿所有空間，所以我會建議簡約的桌子，再搭配小推車置放常用文具就好。

多元的書桌不應該買嗎？倒也不是，其實仍需回歸到每個家庭的需求，大家選擇符合需求的即可。不過以我看到的家庭來說，能夠妥善利用所有空間，又不會因為過多物品在書桌上影響專注力者，終究是少數。

🌱 砧板用法教孩子整理桌面

書桌的整理方法其實不難，和你整理廚房檯面的概念是相同的，把常用的放桌上、其他的收起來，就這麼簡單。還可以想像自己在廚房切菜備料時，因為砧板大小的限制，只有正在切的食材會出現於砧板上，一旦切好就會放到其他碗盤裡，等著下一步的烹調步驟，對嗎？

書桌的使用方式和砧板一樣，正在進行中的任務才會在桌面上，所以書桌桌面上不應該有玩具、漫畫、久久用到一次的文具和繪畫用具，只有正在寫的作業、正在使用的鉛筆盒、正在翻閱的書籍，正在使用的美術用品。

等到孩子的發育定型，挑選書桌的看法又會大不同，耐用度、功能性、舒適度、風格等，都是考量的因素。

82 孩子的書大小不同，如何收得整齊？

Q 孩子的書籍尺寸都差很多，真的好難收，有些又很貴而無法做到說丟就丟。常常無法收回原位，請問整理書籍的好建議？

A 書籍不要過量，都很好整理。

🍃 長尺提醒法

這是我讀小學一年級時，班導師教的方法，當自己成為保母之後，也與不少家長分享過，大家都說此法好用！還記得當時剛開學，老師告訴我們準備一些用品到學校，除了常見的文具、抹布、姓名貼等，還特別叮嚀每個人都準備一把 30 公分的長尺，一開始我並不知道這把尺的用途，老師還告訴我們可以在尺上做任何自己喜歡的裝飾，多誇張都可以！

後來讓我們帶著自己的尺一起到校內圖書館看書時我才知道，那把尺代表的是自己借的那本書。因為老師擔心有些同學會忘記借閱的書從哪裡拿的，所以當要取書時，就必須把尺插進去，難怪需要 30 公分的尺，因為一般能放進鉛筆盒的尺太短，可能會隱身進書與書之間。那把尺因為是自己做的，所以它不僅僅是支

長尺提醒法的示意圖，長尺可以利用貼紙、紙膠帶、色紙等自行裝飾，更獨特也更有存在感。

尺，還是特別獨一無二的尺，大家都不想弄丟它，每個人要還書時就去尋找自己的尺，再將書物歸原位即可。

　　這個方法真的很好用，我到現在還偶爾會利用這個概念來協助自己記物，很推薦家長將這個概念延伸到其他方面，多多運用喔！

🍃 書櫃選購重點

　　在委託人家最常見的書櫃大概是 IKEA 的 KALLAX 系列，因為直放橫放皆可，也能自由選擇加裝抽屜或門片，放書或玩具都是很好的收納選擇。如果當作書櫃使用時，就需要注意深度，因為此款深度 39 公分，一般尺寸的書籍可以前後各擺一排，對於孩子來說後排的書不好拿，等於不會看到。所以家長請多留意，如果書櫃的深度超過 30 公分，就需要將書籍稍微靠外排放，不僅整齊些，也可避免擺放過深讓書處於陰暗處，因此降低孩子看書慾望。

依需求挑適合的書櫃

　　常見書櫃還有旋轉書櫃和一般開放式書櫃，我建議大家根據孩子的年紀和書籍種類來選擇。書籍數量不多、書本大小也都不大，則一般書櫃就能夠滿足需求；如果書籍開始增加、尺寸也越來越多變，則務必選擇層板高度可以調整的書櫃，比較理想。

這就是很常見的書櫃，因為深度較深，小本的書需向外推一些，整齊擺放又好拿。

備孕時可以做的規劃有哪些？

Q 目前備孕中，因為擔心未來生產後沒有時間處理家務事，想趁孩子還沒出生的時候先規劃一些，我可以怎麼做呢？

A 預留空間，選擇活動式家具是首選。

預定 0 至 3 歲的空間

看過太多因為家中暫時還未增加人口數，於是把空房間先當作倉庫使用，東堆西堆，不知道放哪裡的東西都先收進去，結果等到要使用這間房間時，倉庫東西已經多到難以處理，所以無論正在備孕或正在孕期中，越早預留給未來孩子的空間，就不要再填滿，事情將越簡單。

孩子的空間可以依照階段和重點需求慢慢調整規劃（見 Q77-P.184），不需要一口氣安排好孩子的一生，所以初期可以先以孩子的睡眠空間和遊戲空間著手。

睡眠空間

先依照你們家的習慣和各方面條件下，會在主臥室增加孩子睡床，還是想以分房睡的方式呢？這些會影響到是不是馬上就要打理好另一間睡房。

遊樂空間

孩子的遊樂空間在客廳還是某個空間呢？需要安排在大人視線所及的範圍內比較安心吧？家裡哪一個空間適合規劃成遊戲區？有些家庭在孩子學會走路之前用大型柵欄將小孩框著，這個柵欄會在哪裡呢？茶几需要撤掉嗎？將自己家中空間狀況進行一番評估，就會有答案了，再依照這個前提準備就比較有方向囉！

🍃 越大的家具不需太早進場

　　大型衣櫃、大型書櫃、大書桌、雙人床等這些成人尺寸的家具，都不需要立刻添購，因為小寶寶真的用不到，加上長大後他們也許對房間布置有自己的想法，甚至有些人還沒用到就舉家搬遷、小孩選擇住校等，所以只要預留空間即可，大型家具可以晚點再處理。建議不要太早進場大型釘死家具，會讓空間失去許多彈性，可以等到孩子長大以後較定型時再來規劃。

🍃 選擇中性有彈性的家具

　　嬰幼兒的衣物、用品都不會太多（過量就是大人的問題），所以選擇符合這個階段的用量即可。如果覺得一般衣櫃太大，市售的塑膠抽屜式整理箱可以先暫用；如果覺得收納櫃體占空間，也許選擇小推車就足夠或階段性的代替用品，在完成階段任務之後還可以挪至他用，或是處理成本低的，都是不錯的選擇。

建議先預留空間，再依照需求添購收納箱而非大型斗櫃或衣櫃，避免後續沿用性不高，處理也麻煩。

外面有個框框，中間可抽拉的就是抽屜整理箱，也可以獨立外露擺放在各個空間。

恩典牌應該如何整理？

Q 身邊有許多比我早生孩子的朋友或親戚，常常會收到恩典牌很煩惱，不知道
怎麼整理？

A 恩典牌是有效期的，請自己評估家中空間是否能接收吧！

適量接收才不浪費

曾經有一位委託人因為家中經濟狀況比較不好，所以身邊許多親友會將家裡用不到的物品轉贈給他們，因為經濟能力有限，租不了太大的房子，愛心物資又一直湧進，委託人也不好拒絕對方，最後變成家中能活動的空間超級有限，因為空間全部拿來堆放這些愛心禮物了。雖然知道有恩典牌可以穿，但是物品多到已經找不出來，最後還需要花錢請整理師協助整理，也丟了不少東西，才回到自己可以掌握的程度。

東西多不代表富足，堆在那邊沒有用就是一種浪費，雖然恩典牌的出發點很好，但是你真的需要嗎？如果恩典牌還需要三、五年後才用得到，你家裡有多餘空間可以擺放恩典牌嗎？放三、五年後品質會不會受到影響？這些都是需要思考的問題喔！

依照尺寸而非年齡整理

有些人會將家中穿不到或用不到的孩童用品整理出來送人，但不是每位轉贈者都會先進行分類，就算分類了也不一定適合收贈者，所以接收恩典牌的對象請要重新整理過，按照自己的分類方式，做好標籤再收納比較好。

我建議最簡單的方式是寫上尺寸和長短即可，因為每個孩子在不同年紀的成長速度可能不同，所以即使對方已經幫你分類好年齡，家長還是可以依照尺寸再分類

一次。尤其各國童裝尺碼也常常不一樣，建議家長重新分類，還可以順便檢視一下每件衣物的狀況，不是每一件衣況都很好，也不見得每一件都適合讓孩子穿，如果連你和孩子都不喜歡，就不要留下占空間囉！

🌱 恩典牌也有使用期限

不是只有食物才有保存期限，衣物或用品也會有最佳使用期限。有些好意的親朋好友會送出好幾年後孩子才用得到的恩典牌，請自己評估家中空間是否能接收，因為占用的空間是你的、維護這些物品的人也是你，最後使用前得再度清潔的依然是你。

發揮良善循環

如果使用到的時間還久遠，是否讓家中空間留給更值得的東西？畢竟不是每一件衣物的材質都很好，有的衣服被奶吐過、有的早就被當成外出玩耍的「戰服」，尤其小男生的褲子很容易戰損，也許有些衣物沒辦法存放那麼久，與其收起來好幾年也不一定能穿到，不如當下就再轉送給馬上就可以接收的家庭，讓恩典牌發揮最大的功效與良善循環吧！

有些家長買的或接收來的恩典牌，孩子根本不願意穿，讓孩子自己判斷喜好也是一種方式。

在衣櫃旁為孩子準備籃子，一人一個，只要每次試衣時感到不適合的就直接進籃子，也可以減少每次換季的檢視時間。

孩子的勞作需怎麼整理？

Q 孩子的美勞、手作作品好多，想保留但又很占空間，扔了又覺得捨不得，如何收納好呢？

A 保存的方法不止一種，而且有些作品，孩子根本不在意，是家長看得比孩子還重喔！

放棄保存實體的執念

保存的方法有好多種，只要在網路打上關鍵字，就會有許多家長分享他們的作法，舉凡拍照留存電子檔來減少實際收納體積、下載 APP 讓電子圖檔加上外框增加美感、紙張類可以利用文件收納盒收藏、立體勞作利用相框擺出來展示。

網路上絕對可以找到適合你家的方法，要保留實體不是不行，但精選過後可以讓展示的畫面更加分，哪些需要展示？哪些不保留實體？決定的是孩子還是家長？就要看每個家庭的模式了，有些孩子根本不在意自己的作品，是家長看得比孩子還重喔！

保存數量根據空間而限制

曾經協助一位外國家庭整理家裡時，爸爸拿起一個孩子的作品徵求我的意見，想知道如果是我，會選擇留下來嗎？那是幼兒園老師帶著孩子用免洗碗盤和吸管做出來的小動物，憑良心講，它在我眼裡真的就是資源回收，結果這位爸爸笑著說：「Oh Shirly You Have No Heart ！」不是我太無情，我當時還是他孩子的保母耶！

家長秉持中立角度判斷

　　我是以對孩子的認識，知道孩子有更多更值得保留的作品，要秉持著中立的立場請家長們適度抽離，客觀的看待孩子的作品，只要家長有花時間和孩子相處，就看得出來哪些作品孩子有用心，哪些只是隨意應付。

　　如果你家還有許多空間，想要全部接收，我當然沒意見！不過都請整理師來整理了，我就會拿出專業，根據你家的空間給你數量上的建議囉！

提早找出適合收納作品的空間

　　從事整理工作前，自己曾在百貨的親子遊樂空間工作過，當時隔壁櫃位是可儲值的手作區，生意真的很好！各位家長需有心理準備，一旦儲值了，家中會出現許多作品，又因為櫃位姊姊們都會協助，所以作品的水準都不差，丟也不是、全部留下很快就擺滿。

　　有報名才藝班也會有類似的情況，每一期結束，孩子就會帶回一個很大的資料夾，每一頁都是當周的作品，這個資料夾幾乎和寢具的收納袋一樣大，得提早在家中找出適合的空間來收納。

利用掛衣架收納孩子精選的畫作，也是個很有特色的展示方式。

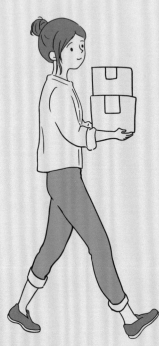

你應該改變的
習慣與觀念

你一直習以為從沒在意過的小習慣，

可能默默的在影響家裡的整潔，

甚至可能是導致家中變亂的亂源之一。

小到垃圾桶需要幾個及放在哪裡？

大到系統櫃的設計是抽屜好還是層板好，

每一樣出現在家裡的物品，都因需要而被帶回家喔！

86 垃圾桶的位置很重要嗎？

Q 想減少垃圾的出現、讓空間美美的，所以只在廚房與廁所擺了垃圾桶，因此養成孩子懶得走到這兩處丟垃圾，反而空間出現更多垃圾，怎麼改善呢？

A 一定要配合人的習慣，只有根據自己家庭的習性判斷、規劃、調整，才能找出最適合你家的安排。

🍃 垃圾桶的美感有限

市售垃圾桶普遍稱不上有美感的物件，所以基本上垃圾桶會是藏八的八、不會是露二的二（見 Q59-P.146）。有些鏤空的金屬質感或編織類型的垃圾桶，即使外型再美，只要套上垃圾袋美感依舊立刻降到低點，所以我認為垃圾桶在居家環境中應該低調再低調，最好毫無存在感，連垃圾袋都不要有外露的邊邊，才不會讓空間大扣分。

垃圾桶數量和配置點

垃圾桶的數量不可過多或過少，關於這個問題，我的回答可能和你的想法不同，也可能和你看過的居家環境美化文章說法有出入。有些整理師或軟裝師的文章皆表示垃圾桶宜少不宜多，垃圾桶不需要各空間都準備，只要養成習慣後，其實多走幾步丟垃圾，不是一件困難的事。

重點在於是否能養成這個習慣，我到府服務的一個家庭，他們的垃圾桶真的只出現在廚房與浴廁，廚房的垃圾桶還特別選擇了多層的大型垃圾桶，理想的情形是大家都多走幾步去丟垃圾，客廳不僅可以保持乾淨美觀，垃圾也集中廚房一處，將垃圾、廚餘、回收在丟棄的瞬間就分類好，居家整潔輕鬆維持。

等待垃圾變多才丟

　　理想總是美好的，真實的情形是無論在客廳或房間產生了垃圾，因為懶得走到廚房和浴廁，所以就想著先放一旁，等集中多一點之後一口氣拿去丟，結果全家人都漸漸習慣了「等待垃圾變多再丟」的意識，最後反而是到處都有微量垃圾，床頭邊有使用過的衛生紙、客廳有吃完的糖果包裝紙、喝完的手搖飲也暫時放在餐桌上等。

🍃 垃圾桶配合人的習慣

　　整理收納的方式需配合人的習慣安排？還是人的強大能力可以適應各種新的規劃？以上述這個真實的家庭案例說明，大家應該可以看出答案，沒有任何一個方式是適合所有家庭的，也沒有任何一個方法是最好的，只有根據每個家庭不同的習性判斷、規劃、調整，才能找出最適合你家的安排。

　　喜歡投籃式丟垃圾的人，就選個開口大的；如果需要很多空間都有垃圾桶的人，就挑個好看的垃圾桶；垃圾容易有異味的家庭，則最好選擇有蓋子的。

　　回到問題本身，垃圾桶的數量和位置規劃，也應該依照家人能配合的前提下安排與改變，如果家人們配合度高，那麼以美觀來看確實可以減少數量、拉遠距離；如果配合度低，那麼大家待得最久的空間最好都配置一個垃圾桶，讓丟垃圾這件事是簡單的、快速的，至少垃圾會集中在桶子裡，而不是視線所及到處都有。

建議挑選外觀有設計感或者存在感極低，可以輕鬆融入家中環境的垃圾桶。

87 # 塑膠袋到底需不需要摺？

Q 常看到網路文章教學如何將塑膠袋摺成三角形，但是我沒那麼多時間，想知道真的有必要這樣做嗎？

A 摺袋子會開心就做，若產生焦慮就不要做。

🍃 塑膠袋好找好拿重要，摺不摺看個人

摺與不摺沒有對錯，完全是個人選擇。我是屬於不願意多花任何時間在塑膠袋上的人，摺塑膠袋和摺衣服是完全不同的事情，摺衣服是因為自己天天穿，所以希望整理好、擺得好看，這樣每天抽屜一拉開都用選妃的心情在挑選服裝。

不摺：找位置固定放

塑膠袋之於我，就很單純只是偶爾外出需要準備一個在身上的小道具，家中塑膠袋的數量也很少，找個固定的位置放，找的時候能夠輕鬆拿取就好了，對我來說這就是很好的收納法。塑膠袋不需要再花費額外的時間去處理，若有時間，我寧可拿來整理其他品項。

摺好：整齊又療癒

如果塑膠袋摺好，會讓你有成就感、覺得整齊又療癒，也能幫助你在尋找塑膠袋時更便利，我也很鼓勵你繼續摺下去喔！畢竟把塑膠袋摺成方形或三角形，看起來真的比交叉打個

我習慣打個結全部收進這隻雞的肚子裡，也用雞的肚子來控制塑膠袋的數量。

結好看多了。總之，每個人有自己的家務流程和標準，怎麼做最省力和舒心只有自己知道，不幫忙做的人就不要多嘴囉！

🌱 減少需要管理塑膠袋的時間

又要來討論治本的方法了，所有的問題仍然要回到發生的根本探討才有意義，如果你的塑膠袋數量非常少，花一、兩分鐘全部摺好其實也沒什麼啊！完全不影響你的時間，也不用花什麼心力，純粹是順手可以處理好的事，所以需要如何收納就沒那麼重要了。

追根究底的是你家塑膠袋的數量有沒有過量呢？又為什麼會過量？如果出門總是隨身帶一個環保袋，是否就能減少帶回更多塑膠袋的機會？其實許多方法你都懂，主要還是實踐力，所以與其糾結在塑膠袋要不要摺？不如想個好方法來避免無止盡的增加。

塑膠袋別囤在家中

幾乎所有的家庭都會出現過量的塑膠袋和紙袋，有些紙袋真的很精美，會想留下幾個是可以理解，但是精美的塑膠袋就真的很少見了，所以過量的塑膠袋不要囤在家中，可以交給循線資源回收車或台灣主婦聯盟生活消費合作社，以及同類型商店重複利用。

簡單打結是方法之一，摺得方正也是一種，你適合哪一種呢？就選擇自己喜歡的吧！

收納櫃體越多越好嗎？

🌱 清楚自己需要多少空間

當時仲介第一次帶我走進這個家，走沒幾步整面收納櫃就映入眼簾，也許在一般人眼裡這是現成的收納寶地，但我只看見了「天啊！這裡完全被收納櫃浪費掉了」、「如果我買下來，我絕對要敲掉它」。後來我當然也這麼做了。我會這麼精準，是因為自己很清楚需要多少空間收納東西，這個房子其他位置的收納已經綽綽有餘了，所以我才能一秒就做好決定，要將這片收納牆打掉！

別因旁人言語而影響物品去留

當時長輩希望我可多考慮留櫃，一直說「用的木材是很好耶」、「新新的敲掉很可惜」等話語。這些收納櫃對我來說真的沒有意義，因為用不到啊！沒有幫助，為何要浪費這空間的坪效，只為了「不用可惜」？我放著一坪的錢留著用不到的櫃子，我才覺得錢花得好可惜啊！

順帶一提，如果你也遇到了長輩希望你保留某些物品，但你不想留時，小鬍子是這樣做的，他交代拆除時小心一點，把留下來的木材都送去長輩家，誰要就放去誰家。此話一出，長輩就同意我們大刀闊斧，沒有再替櫃子求情了。

🌱 把時間心力放在重點上

我和小鬍子從試婚開始到一起買房，前後同居了三、四年，我們生活上的需求

和習慣彼此也都瞭若指掌,所以在找房子、挑房型、更動格局等細節,其實沒花太多時間,不適合的直接跳過,只把時間花在各方面條件都符合的物件上。

　　當決定敲掉哪些地方、其他房子本身的櫃體會拿來做什麼,我們幾乎是不用商量就有共識。再次奉勸大家,請好好過生活,才會清楚知道什麼對你而言是重要的、不可或缺的。

B e f o r e　⇨　A f t e r

這就是我一眼決定會敲掉的收納牆面,沒有那麼多東西需要放,對自己來說真的很浪費。

後來這面牆我設計成廚房,很慶幸自己做了這個決定。這是廚房一開始的樣子,後來有隨著需求增減物品。

取捨是為了更重要的事物

　　將整面收納櫃體敲掉,還有另一個原因是,我評估後更需要一個廚房的工作檯面,這個空間也是最佳選擇,所以完全不需要猶豫。

　　家裡坪數小,所以想要有大沙發就只能變窄走道、想要把畸零空間改成隱藏櫃體,我的貓跳臺理想位置也必須放棄、想要省錢不拆除多餘木作,只能將就當時不適合我的格局。說到最後,家中許多時候都是需要取捨的,就因為空間小,我更希望每一個角落都是所愛、所需、成為所用。當你清楚什麼對自己是必須的,如此要割捨什麼,就不需要心疼猶豫了。

Q 常聽到許多整理師說：「不要留太多紙箱和紙袋。」如果都用得到，這樣還
要丟嗎？之後有需要時還要花錢買，這樣不會本末倒置？

A 你需要的數量，真的沒有想像的多。

🌿 紙類想留就留，適量就好

老話一句，你家空間如果大得不得了，想保留多少都沒問題！如果是從事網拍、團購相關，需要的紙箱和包材也會比一般人多，這些都不在這題討論的範圍內。一般人就不一樣了，空間很珍貴、空間也真的很貴，並非家中都不能留備用紙箱和紙袋，而是一般居家囤紙箱、囤紙袋的行為真的沒必要。

常見情況下能讓可重複使用的環保袋取代紙袋和塑膠袋，環保袋的使用壽命還更長。如果送禮需要使用紙袋，則請思考自己送禮的頻率，你會發現得到一個紙袋很快很簡單，但是真的要用掉或送出一個紙袋的時間，遠比你想像得久。根據到府整理經驗來看，一般家庭依照大中小三種尺寸先分類，各尺寸保留七、八個都已經足夠了，實際需保留多少數量就按照你家使用方式來評估吧！

收在陽臺、玄關、廚房的人都有，依照你最方便的動線決定位置即可。我喜歡收在陽臺通風處，紙袋比較不容易生蟲。

🍃 紙類過量，帶來潮濕與蟲蟲危機

有些人喜歡收集精品的紙袋，想當收藏沒問題，但記得別放在衣櫃喔！看過不少人會收在衣櫃、床底下、床頭櫃內，這幾個地方都是容易聚集濕氣和產生櫃體異味的地方，除非你會定期打開櫃體通風，再搭配除濕機使用，否則這幾處真的不建議存放紙袋，準確一點來說是不建議存放紙類相關物品，因為蠹蟲（俗稱衣魚、書蟲）就愛這味，牠們常常出現在這些地方，如果還將紙類、孩子的紙張作品擺在衣櫃裡，牠可能會順路跑進你衣服的口袋裡。

蠹蟲可能大部分的人不會害怕，只覺得噁心，別忘了，喜歡潮濕陰暗角落的還有蟑螂。曾經在委託人的內衣褲區看到蟑螂腳，最後委託人把整批內褲都丟了重新買，請注意家中的通風與濕度，不要讓蟲蟲覺得你家是個風水寶地。

🍃 購物回家立刻拆箱與回收

由於我很害怕蟲類，也有幾次收到包裹沒有即時拿下樓回收，結果家中就出現沒看過的蟲，非常恐怖的經驗，所以自己從採購管道就會先過濾，不會使用全新紙箱寄物的平臺，就不會選擇宅配到府，讓紙箱在還沒進到家中就先處理掉，降低新居民進到我家的可能。

如果你近期有搬家需求需要先預留紙箱，也建議挑選紙箱的品質再決定是否留下打包時使用，不然一樣是讓「這些蟲蟲」跟著你一起搬進新家，可能會很熱鬧喔！

因為用途不同，我習慣將紙袋、塑膠袋與保冷袋分開收納。

90 雲端空間需要瘦身嗎？

Q 我的電子設備有非常多資料，雲端空間也需要整理，應該如何進行比較好？

A 雲端空間和電子信箱瘦身後真的很輕盈，建議你試試看！

紙類想留就留，適量就好

我的工作內容滿多元的，與各大政府機關、企業或廠商都會有信件往來，許多信件都會覺得「留著總比沒有好」。但是說真的好像也沒有回頭找過什麼資訊，後來我因為讀完近藤麻理惠出版的一本書，藉由書中的幾個思維，隨後將自己近千封信件的電子信箱斷捨離到只剩下二十封以下的信件。

之後因為不同階段有不同工作業務產生，往來信件有增加，一直到現在，我都盡量維持在七十封以下，部分工作結案後，就會再刪除一些信件，現在我管理信箱資訊很方便，也減少了許多處理業務的時間。

大動作一口氣刪除了幾百封的信件其實不難，平時養成習慣刪除已完成案子的信件，你會發現省下許多處理時間。

刪除信件不難

1 取消訂閱根本沒在看的電子報絕對是首要任務。

2 曾經註冊過的網拍也會經常稍來贈送購物金的信件，想用 100 元購物金騙我花更多錢。門都沒有，剛好趁這個機會一律刪除。

3 許多沒中獎的電子發票、沒下文的企業來信邀約、已確定結案無異議的工作、開課培訓班時的學員作業，逐一檢視後確定不再需要保存，就按下刪除鍵，只留下了幾封特別重要、具有保存價值的信件。

4 其餘的信件仔細想想，即使刪除了，也還有其他方式可以重新找到想要的資訊，所以並沒有保留的必要性。

🍃 手機及雲端空間需要瘦身

部分人可能沒有用電子信箱的習慣，但一定有手機吧？打開手機相簿，你有多少張角度相同但表情微微不同的照片？有多少當時截圖但現在根本不重要的圖片？有沒有因為工作相簿裡存了一堆公司的報表或資訊？有沒有在十分鐘內拍下近百張的照片？

拍攝孩子和寵物的手機

這種情形通常最常發生在有小孩或有寵物者的手機裡，仔細看看這些照片，精選出最好的角度、最好看的表情、最有用的資訊，最好再分類備份到你習慣的雲端或硬碟，手機本身真的不需要存這麼多內容占據容量和記憶體。

自己拍寵物時也常常把相簿弄成這樣，但最終會理智取捨最可愛的幾張保存。

91 需要未雨綢繆先買未來用品？

Q 未雨綢繆是我的習慣，如果有特價時，自己也常常忍不住，但是知道家裡空間不足很想改掉這個習慣，應該如何開始？

A 只專注於現在，不需擔心未來。

🍃 停止使用會造成生活困擾，才需要囤貨

如果禁止囤貨，許多人大概會焦慮到不行吧！囤貨當然可以，只是囤貨需要看品項，並不是什麼東西都一定要囤貨，有許多物件突然用完了，雖然來不及買新的，但總有替代方案可以稍微撐過一、兩天，不需要太緊張。這類物品就屬於可以少量備著，但沒有也不至於造成生活不便的類型。

需要提前準備的物件

有些物件就一定要提前備好，以免需要時沒得用，產生超大的麻煩。例如：

1 如果孩子還處於喝配方奶，但尚未進化到可以吃副食品的階段，則奶粉肯定是不能絕糧的品項。

2 如果家人身體狀況較特殊，一些緊急用藥也需要妥善備好。

3 如果在大冬天剛領養一隻還不熟悉新環境的貓咪，則備用的寢具勢必不可少，否則貓咪若是亂尿尿，你會一邊洗被子一邊重感冒。

不需要提前準備

有些物品非急迫性，或許家中就能找出其他替代方式，所以預先購買日後使用的備品是必須的嗎？也許可以在品項和數量上能些微改變。

1 茶葉泡完了，今天先不喝可以嗎？

2 某間房間的燈泡壞了，先拆下其他空間某一顆頂著用一、兩天，沒問題吧？

3 拖地清潔劑突然用完，用清水拖一天或乾脆明天再拖，應該也可以吧？

4 小孩再過兩年才穿得到的尺寸衣服，不用急著現在就堆入衣櫃裡啊！

　　現在買東西已經超級便利了，我曾經早上通勤時下單，下班後就到貨，即使是大半夜的便利商店也可以買到很多東西。

適量剛好可用，就沒問題

　　曾整理一個女性的化妝間，她因為買到很好用的眉筆，又擔心未來可能停產，所以一口氣囤貨四十支，大家不要覺得這只是特例，因為有更多類似的案例都是這樣，大部分是因為擔心未來不會再特價，所以預先買了很久以後才會用到的物品，或是覺得找到最好用的品項了，於是一口氣包色、包尺寸，總覺得未來可能會使用到，所以這個也買、那個也保留。

值得讓你一擲千金？

　　難得遇到適合又 CP 值高的物件，的確很值得下手，但是值不值得讓你一擲千金？未來真的都不會再有品質更好的產品嗎？

　　坦白說我也曾有類似的心情，覺得再也不會找到更好的產品，結果科技日新月異不斷的打臉當時的自己，產品是越做越好，加上自己的眼光和喜好都會改變，囤貨還沒用完之前，你可能又看上另一個牌子囉！

到府整理時，曾發現有一位委託人因擔心眉筆停產，於是一口氣買了四十支。

92 櫃體家具非越大越好用？

Q 我家人總是有種觀念，認為小孩衣服買大一號可以穿更久、收納用品如果有更大的就買大的才能裝更多，感覺好像不太對？

A 往往省到錢，卻沒有省到空間。

🌿 大不見得比較省，需要看狀況

我們都知道許多市售用品都是大包裝比較省錢，但你也應該知道你以為的省，不見得真的比較省喔！舉例市售的醬油來說，小瓶裝 500ml 假設售 60 元，但大容量 1600ml 只需要一百出頭，你覺得哪個比較省？大家都會選擇大容量吧！

下廚次數決定買什麼容量？

如果你家常開伙，大容量肯定比較省，但是如果和我家一樣，一年使用醬油的次數可能不到五次，如此買大容量也會比較省嗎？大容量代表體積也大，我為了省幾十元但是永遠要留一個不小的位置放醬油，還是買小容量就可以了，對吧！

衣服買大穿比較久？

衣服買大一號可以穿比較久？需要看孩子目前的年紀、發育程度而定啊！如果真的很不合身，勉強度過尺寸不合的日子並不舒服也不開心。

櫃子做到天花板不藏灰塵？

許多人覺得櫃子一定要做到天花板，這樣頂部才不會藏灰而造成清潔困擾，某些情況下也許是這樣沒錯，如果你家本身是樓中樓還挑高，櫃子還堅持做到頂天，這是給自己找麻煩吧！

看上去一個碩大的櫃子矗立在那邊，不一定好看，可能還會因為顏色和款式讓空間產生壓迫感，櫃體寬大也可能造成不便拿取物品。

你應該有看過五斗櫃的抽屜都拉出來時，櫃子就瞬間傾倒的經驗。可見有些東西大不見得比較划算，你以為的省，也不見得省到多少，也許還需要花費更多精力維護與使用。

將電商購物車裡的家具尺寸先用紙膠帶或電工膠帶貼出來評估，會比想像的準確些。

無論家具或收納用品，清楚丈量尺寸後再下單，比較不會有問題。

用貼的比想像的更準

當我在念戲劇相關科系時，大家為了省預算，舞臺上需要的桌子、樓梯、吧檯等，都是道具組的同學親手完成的，但要如何確定需要的尺寸呢？劇場人都知道，馬克（mark）很重要！

馬克其實就是電工膠帶，一般人家裡應該都會有，當正式道具還沒製作完成前，演員就是靠著地板上的馬克來練習走位，舞臺轉場時幾乎都是昏暗的狀態，劇組也會在器材和出入動線上貼上馬克，是指揮道具定位、人員走位的好幫手。

一般家庭如果想要換新大家具，也可以用類似的手法，使用紙膠帶或是布紋膠帶將新家具尺寸貼出來，這樣就可以更準確的知道家具進場後走道剩多少？家具的位置會不會影響到後方櫃體的開關？家具整體會不會壓縮客廳的比例？比起想像的，直接貼出長和寬更清楚！

93 旅遊出差回家後，行李箱一定要清空？

Q 我很愛出門旅遊，也偶爾出差，每次回家都很累不想整理行李，常常一放就很久，幾乎每個包包都有外出旅遊的小包包，有什麼方法可以快速整理？

A 歸零真的比較輕鬆，淨空的行李箱不需要再整理。

🍃 歸零清空的必要性

探討這個問題之前，應該先區分出你的行李是屬於什麼類型？是定期到固定的地方、帶著固定的物品、進行固定的任務嗎？如果是，那麼不清空行李或是只整理部分物品，倒是沒有太大問題。

若是相反的情況，你的行李是不定期前往不同的地方、針對該地點以及要進行的活動來決定帶什麼出門，如此你必須在每一次的活動結束後，將行李箱內的物品歸位，讓行李箱清空歸零。

🍃 因為沒有家，不知道收到哪裡

行李箱內的東西，如果都很清楚是從哪裡拿來的，當要把它們放回去也沒問題吧？許多人覺得整理行李箱很疲累，不外乎幾個原因，像是物品本來就沒有家，所以回到家後只想放鬆休息時，根本沒有餘力再去想它們應該收到哪裡。或是帶了過量的物品回來，家裡本身空間就沒剩多少，出外遊玩又失心瘋的採買，導致不用想都知道這些東西沒有地方放，乾脆就留在行李箱裡面。

我還聽過其他藉口，比如每次出遊都帶差不多的物品，所以好像沒必要取出，就一直放在行李箱裡，如果物品都有家，收回去不就幾分鐘的事而已啊！

需要清空的原因有哪些？

1 這次穿出門的衣服總要洗吧？

2 戰利品需要拿出來用或收好吧？

3 準備送人的禮物也要挑出來吧？

4 下次出遊，全部的東西都會帶去嗎？不見得吧？

5 這次去寒冷國家，下次去熱帶國家，穿的、戴的、擦的總會有改變吧？

6 如果距離下一次出遊真的太久，有些擦在皮膚上的保養品也需要汰舊換新吧？

7 即使所帶的物品都不變，你只有一個行李箱？不會替換其他尺寸的行李箱嗎？

　　出遊回家後，將行李箱清空真的不用花太多時間，如果精神許可，將行李箱攤開，花個幾分鐘把東西歸位，或者休息後隔天再處理，或是一天收一點，都比什麼都不動好很多。讓行李箱在下次出遊時是全空的狀態開始，淨空的行李箱不需要再整理過，直接依照當次的需要依序擺入物品，才是更輕鬆的作法。

🍃 平時可以收於行李箱的物品

　　有些物件確實可以收在行李箱內或是行李箱附近，像是每次外出你習慣攜帶的分類收納袋、行李秤、行李袋、壓縮袋、行李吊牌等，這些只要出遊會使用到的道具都可以收在行李箱內，下次打開行李箱要打包時，所有需要的物件都在裡面了，反而是方便的。

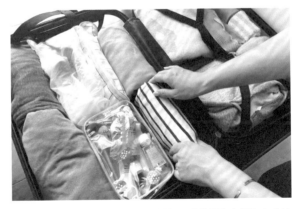

建議越早將行李中的物品歸原位越好，堆積行為容易失去收拾的動力，積越多就越難收。

94 層板是用來收納物品的地方？

Q 我想利用牆面空間讓櫃子裡的東西分散一點，不然不好拿，可是層板卻讓家裡看起來更亂，有方法可以改善嗎？

A 看得見的收納一定要美，如果物品本身無法做為陳列的一環，則務必選擇簡約乾淨的收納用品盛裝。

情境空間層板氛圍不見了

大家一定有在家飾賣場看過示範的情境空間在牆上釘了層板後，可以陳列書籍、相片、植栽等，讓居家空間更有氛圍，利用牆面的垂直空間，似乎又多了一些地方可以收納。

我和小鬍子會輪流展示各自喜歡的物件在層板上，因為一次全擺出來可能很突兀，或是太多顯雜亂。

請各位冷靜一下、仔細思考，為什麼賣場的情境空間總是很有美感呢？為什麼一樣的層板你買回家後，並沒有長得像賣場的示範空間？原因可能來自家裡層板上放了不該放的物品喔！

看得見與看不見的收納

舉凡層板、透明整理箱、玻璃展示櫃等，可以清楚看見內容物，都可以稱為「看得見的收納」；反之，像抽屜、有門片的櫃體、衣櫃、鞋櫃等，門關上後裡面再亂也沒有人知道的，就是「看不見的收納」。如果將透明整理箱收進有門片的櫃體裡，則透明整理箱就會在看不見的收納區域內。

層板具備展示功能

看得見的收納與看不見的收納兩者之間在物品擺放的數量上有所差異，如果是關上門就「看不見內容物的空間」，可擺放約七成左右的物品，比較方便拿取，而且也有預留空間給日後增加的物品；但是「看得見的收納」建議物品僅可擺放五成。

若沒有任何遮蔽，物品本身最好是具有美感的，讓物品擺放的同時也有展示效果；如果物品本身無法做為陳列的一環，則務必選擇簡約乾淨的收納用品盛裝，讓容易顯雜亂的物件別外露在視線內，而是收在美美的收納用品之中。這就是為什麼賣場陳設的一切都沒有雜物感，而是氣氛滿點，讓人憧憬想要擁有這樣的空間的原因之一喔！

開放式櫃體也是相同概念

有些系統櫃的設計會刻意刪減一些門片，讓部分櫃體成為開放式，使空間多一點層次減少壓迫感，但沒有門的收納空間和層板相同，放置在這裡的物件必須有一致性（例如：書籍、CD）或能夠讓環境加分的裝飾品，而且數量需控制好，一旦多了就會失去美感，增加視覺噪音。家中如果這類型的物件不多，不妨直接設計門片將物品遮擋住比較乾脆喔！

95 如何婉拒別人的好意？

Q 我的孩子比哥嫂的孩子年紀小，常常收到哥嫂的好意，說真的我不喜歡那些東西，拒絕也不是、收下後需處理更困擾，應該如何做比較好呢？

A 送禮送到心坎裡，必須勇敢拒絕成為他人的資源回收站。

🍃 謝謝你的心意，我真的不需要！

我在許多家庭協助整理時，常常聽見「這是某某硬塞給我的鍋子，不好意思丟，擔心他下次來會發現」、「這是 XX 送我孩子的衣服，覺得不好看，只好讓孩子穿著拍照交差」、「這是 OO 送我的，竟然是過期的，老公說先收下，以後再丟掉就好了」請問大家看出共通點了嗎？

如果在第一時間就直接告訴對方「謝謝你的心意，我真的不需要！」其實就沒有後面的事情發生了。臺灣人就是比較客氣，許多人也都是礙於情面而不好拒絕，勉為其難的收下後再讓東西占據家中空間，或是煩惱著後續如何處理它們？轉送出去擔心被送禮的人知道、丟掉內心又過意不去，為了一個完全不需要也不喜歡的東西產生多餘的焦慮，真的沒必要喔！

直接詢問需求最能送到點上，圖中的除濕機就是閨蜜送的喬遷禮。

把別人家裡當作倉庫有損道德

甚至還常常聽到有些家庭想斷捨離卻又捨不得的物品，打算開車送回長輩或晚輩家存放，請不要這樣做，自己的功課自己修，把別人家裡當作倉庫是有損道德的作法。面對收禮，如果你家空間多得是，收下無妨；如果收下後反而會造成自己更多麻煩，建議得學會拒絕。

🌿 送禮要有禮貌，別追問去向

「送禮」和「整理」一樣，似乎我們從小到大都沒有上課學習應該怎麼做，導致許多人送禮送不到心坎裡，反而造成他人的困擾。送禮是一種表達心意的方式，明明是好意，卻可能不小心帶給對方困擾，所以除了需細心挑選適合的禮品之外，也要有送禮物的禮貌，你的心意一旦送達，這份禮物的任務就已經結束，後續請不要再追問禮物的去向或使用感想，很可能帶給對方壓力。

送禮送到心坎裡

想表達心意有許多方式，如果交情夠好或許可以直接詢問對方的需求，送禮送到點上，收禮方也可以直接說明需要的物品，讓對方不用苦思品項。

🌿 彼此不困擾的送禮方法

身邊有整理師朋友的人，大概不知道如何送整理師禮物吧？很擔心我們什麼都不需要，或怕收到多餘的物品而不喜歡。

我來分享收過很實用的禮物，是家飾賣場和量販店的儲值卡，好友直接在裡面存入現金，讓我去買回需要的東西，這樣送禮者也不必煩惱買錯東西，我也不會擔心收到想拒絕的品項而尷尬，還可以藉由好友的心意直接去賣場帶回自己真正需要的東西，而且還不一定需要實體的卡片，也可以利用手機電子化操作，是我很常使用的送禮管道。

96 如何讓小家變大？

Q 我聽過之琳的家坪數不大，也常常看你發文配上自己家的圖片，看起來不會很小？有什麼技巧讓家變大嗎？

A 真的有方法讓小家看起來更大，比如淺色調適合小空間、地板面積盡可能擴大等。

🍃 讓人想成家的魔力

之琳家的住所權狀是十五坪，扣掉公共設施後確實是名符的小宅，所以由我來分享應該算是滿有資格的。我和小鬍子一共住過三個房子，第一個是試婚時期暫租的十坪分租套房，後來承租過十五坪的樓中樓，最後就是目前樓中樓小宅，每個家都不大，除了不想提高預算之外，也是因為清楚這個坪數對我們來說已足夠。

神奇的是我們住的地方一直都算小，但是來過的人都不覺得小，大家總會拍照後開始上網搜尋附近的建案，我們的家似乎一直有種讓人也想成家的魔力。

🍃 東西少是必須的

斷捨離已經是整理收納常談的話題，空間小當然物品需更濃縮，好在我和小鬍子是同行，所以在消費這塊都很理智，不太容易帶回讓自己後續感到困擾的物品，即使有也知道如何無痛處理。所以空間越有限的情況下，出現的物件越要精選，這點我們一直控制得很好。

雖然地面物品能淨空就淨空，但我還是有妥協之處，凡是貓喜歡的，我什麼都可以退讓，這就是取捨之道。

🍃 大型家具需合乎空間比例

　　購買大型的家具、家電時，需要注意尺寸，比如電視越大臺換算下來是更划算的，但是我們家空間不大，如果再為了划算而擺上一臺黑漆漆的大電視，那麼電視的存在感將太過強烈，而且我還特別找了距離牆面最近的壁掛架，如此才能維持住客廳的走道空間。

　　在入住前，冰箱、餐桌、沙發也都經歷過類似的故事，但是為了整體的比例，還是選擇了「夠用就好」的尺寸。

🍃 淺色調適合小空間

　　在色系上也做了一些功課，小空間比較不適合整體過深的色調，所以在「我喜歡」的前提下配置了公共空間整體的風格，自己喜歡很重要喔！畢竟入住的人是你，房子長什麼樣子、需有什麼功能，其他人都不會比你更清楚。順帶一提，家裡東西少、顏色又偏淺，打蚊子超好打的，完全藏不了。

🍃 地板面積盡可能擴大

　　在太多委託人家裡發現毫無用武之地的掃地機器人，所以我深有所悟，一定要解放地面空間，才能在清潔工作時有更好的效率，雖然最後掃拖機器人被我打入冷宮，因為還是覺得自己做更快更乾淨。

　　地面不要有過多物品，維持淨空我還是滿堅持的，因為露出越多的地板面積，也會有空間擴大的視覺效果，相較坪數大但是只剩一點點地板面積的家，我家的活動空間絕對是更大的。

　　這幾點有做到的話，家裡就會有很多「留白」之處，視覺上就不會很擁擠，再搭配藏八露二（見 Q59-P.146）等技巧，其實小家也可以很舒服夠用，兩人三貓都很愜意喔！

97 設計抽屜，還是覺得不好收？

Q 家中收納功能有做抽屜的設計，卻還是不好用，想知道問題出在哪裡？

A 尺寸不對，抽屜再多都浪費！

🍃 抽屜比層板更好用

大多數情況下，比如視線以下的位置，相較於層板式陳列空間，抽屜肯定是更好用的。不少人的廚房和衣櫥、更衣間總覺得整理不好，多半也和抽屜有關係！

抽屜搭配直立收納

抽屜的優點在於只要搭配直立收納，無論物品放置位置深淺，只要抽屜拉出來都能夠看見，可以節省翻找的時間。當物品在抽屜裡直直站立，甚至不需要標籤輔助，因為直立式收納的特點，就是一目了然。

抽屜位置改成層板

如果同樣的位置改成層板，太淺不好收、太深又會有物品被前排遮擋的問題，最後免不了需添購收納用品來輔助使用，不妨一開始就選擇抽屜。如果你正在裝潢，請先想清楚這裡會放進什麼東西？抽屜應該會比訂製層板來得更有收納機能。

🍃 不是什麼抽屜都好用

在整理師眼中有三怕，最怕遇到的是過深、過大以及過淺的抽屜。

過深過大抽屜

比方廚房通常會需要一、兩個人抽屜，這樣才方便擺放鍋具和碗盤。但同樣的尺寸如果設計在衣櫃，擺滿衣服之後要開關抽屜就會顯吃力。

過淺抽屜

　　廚房收納餐具的那層抽屜，高度約五到七公分淺淺的就足夠，通常最淺的抽屜就是它了。但這樣的淺抽屜如果放到其他空間，可能會有許多限制，能放進抽屜的物品有限，反而會造成空間上的浪費，所以一個尺寸合宜的抽屜，需根據使用方式來制定尺寸，才能完善的被運用。

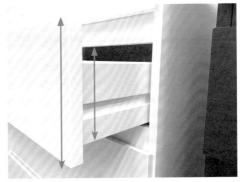

我家裡的櫥櫃抽屜有三種尺寸，最淺的收納餐具與保鮮膜類、中間是碗盤、最深的則是鍋具的家。

挑選或設計櫃體時，務必注意抽屜面板與抽屜內實際高度是否有落差。

先想好要放什麼

　　曾看過不少抱持著「收納能做就做滿」的心態，不放過家中任何一個可以做成收納空間的地方，盡可能利用空間不是壞事，但是如果供過於求，物品收好後日後總想不起來位置，那就本末倒置了。所以收納空間並沒有公版，必須依照每個家庭的需求規劃才對。

　　無論你要直接購買現成的櫃體，或是需進行系統櫃等工程，請先條列式寫出你準備收納的所有物品，抽屜需要多深？層板排孔間距得多大才夠？你才會有概念規劃出完全適合的長寬高，比起想盡辦法將所有空間設計成收納空間，其實這才是最不浪費空間的作法。

98 清潔類家務的時間如何安排？

Q 我知道整理和清潔常常離不開彼此，請問有沒有推薦的流程或是建議的工作表可以參考？

A 家務事得分期付款才會輕鬆，可以分每日、每周、隔周、每月、每季、一年。

🍃 清潔與整理是不同領域

不少人以為整理師很會整理，應該也懂得清潔，其實這是兩個完全不同的專業領域，像我就是對清潔工作不熟悉，需要時常使用手機上網查詢碳酸鈉和檸檬酸兩者作用的人。

懂整理的人，對於空間劃分與時間掌握都具有一定的能力，所以只要先清楚有哪些清潔細項，再搭配自己的時間安排，有些清潔工作甚至都是隨手可以做好，更重要的是選對道具，家務事就會變得很省力。以下資訊是清潔達人蕭千比提供。

適合「每天」清潔工作

　　沙發、桌子、各種檯面、地板、廁所乾燥區域、垃圾桶表面，利用一條抹布，走到哪擦到哪就可以了。

適合「每周」清潔工作

　　清潔肥皂架、垃圾桶內部、馬桶座、沙發下和縫隙、廚房砧

我習慣在更新拖地布時，先將全新未下水的拖地布用來擦拭整個家的牆面，除灰塵非常方便好用，下水後就不再上牆，因為牆面容易髒掉喔！

板除菌、寢具替換與清潔、腳踏墊替換、洗衣機簡易清洗、乾濕分離的玻璃去除水垢、室內外拖鞋清潔、打開衣櫃通風與除濕等，可以拆成五至七天做，就不會太累。

適合「隔周」清潔工作

　　清潔前後陽臺、櫥櫃和冰箱外觀、瓦斯爐、集油網、室內門與溝槽、玩具和童書、書櫃空白處除塵、書本邊緣除塵等，常用的清潔工具也要記得消毒。

適合「每月」清潔工作

　　清潔洗衣機內外、抹布煮沸殺菌、衣櫃內外清潔除塵、家電濾網清潔、前後陽臺地板刷洗、大門清潔、替換除濕劑、扇葉清潔、座椅輪子清潔、冰箱內部清潔與除霜、紗窗、窗戶、窗溝細節清理。

適合「每季」清潔工作

　　衣物換季淘汰、衣櫥內部與抽屜清潔、冷氣出風口與濾網清潔、將床翻面、飲水機內部清潔、盥洗用品與清潔工具汰換。

適合「每年」清潔工作

　　前後陽臺鐵窗刷洗、天花板清潔、洗衣機內部、專人清潔水管內部與冷氣機內部，可以每年一次就好。

我喜歡在地上摺衣服，所以一定要先掃拖，才會把陽臺衣物收進來，找出自己最順手的清潔流程，家事會變得更輕鬆。

Q 我對家務和整理方面都很有興趣，也喜歡閱讀相關文章、不排斥嘗試各種方法，我有些好奇與疑惑，這麼多整理方法如何知道哪一種適合自己呢？

A 把整理書籍當作食譜來看吧！任何網路上的文章或書籍的建議都可以參考，找到最適合自家的最好。

🍃 好好感受才知道需要的

你應該有看過食譜的經驗吧！食譜如何教人烹調出一道佳餚？食譜會將這道菜餚所需要的食材、配方、調理步驟及技巧列出來，但是照著做就一定可以完成美味料理嗎？這不一定！你用的爐火、鍋具不同、慣用的調味料品牌不一樣、挑選的食材產地來源不同，即便按照一模一樣的方式煮出來，都可能有味道上的差異。

自己的家最了解，我的家完全按照自己的需求客製化，住起來當然很開心。

我們再來看看整理方面的文章，即使說明再仔細，你家的坪數、格局、天花板高度、擺放的家具、使用的清潔用品、需要被收納的物件、收納物品的選擇等，每一樣條件幾乎都不一樣。想要收到和美美的示意圖相同效果，並非購買同款收納用品就可以達成，這其中也需要先了解你的家。

先問問自己，找出答案

1 你家坪數是多少？
2 你需要多大的空間才夠？
3 你的衣櫃裡都裝著什麼樣的服飾？
4 廚房需不需要擺個小推車輔助？
5 孩子有哪些書籍已經可以更新了？
6 需要裝潢了，你知道和設計師如何提出需求嗎？

即使每天都待在這個家，你不一定了解自己家喔！如果突然要你默寫出家中廚房所有的小家電，還可能做不到呢！所以想找到適合自己的方法，必須先認真生活，如果只是被時間推著往前走，只能勉強的過日子，唯有在汲汲營營的每個日子裡，有意識的用心過生活，好好的體驗與感受，上述這些問題你才會有答案。

🌱 沒有最好的，只有最適合你的

無論你會不會看完這本書，相信應該能找出幾個重點運用在生活中，整理收納的許多方法是可以通用的，雖然都有可依循的方向與法則，但還是得依據每個個案找到調整方式，並根據個人的生活習慣量身打造。

別人家這樣做有很好的效果，不代表自家如法泡製也會有相同成效，所以沒有最好的作法，只有最適合你的作法，如同翻閱食譜一般，任何網路上的文章或書籍的建議作法都可以參考，但只有自己才知道多放一根辣椒才對味。

100 如何將收納心法融入生活？

Q 我對整理收納相關書籍文章都感興趣，知道除了買必要的、捨棄不適合的，我也聽說可以運用在人際關係、減肥等，但不太清楚實際作法，請問有例子可以分享嗎？

A 各方面都去蕪存菁，注重自己的需要！

去蕪存菁，注重自己的需要

「去蕪存菁」四字意指去除雜亂、保留精華，只要面對任何人事物都能以此為中心看待，將整理家裡的奧義運用在日常生活中也完全不是問題。發問者提及人際關係及減肥，若以此來解釋，你可以先看看手機通訊錄裡的名單，真的都會聯絡嗎？有沒有早就消失在朋友圈的人呢？是否有人的家用電話早就沒使用了？只留下真的會聯絡的對象，這就是去蕪存菁的一種。

至於減肥，只吃入身體所需的食物成分及熱量，管好自己的嘴，體態也會越來越標準，不過這點我沒什麼資格跟大家分享，因為我常常管不住自己的口腹之慾。

當天我只帶了這張照片，主要是讓賓客知道沒有找錯餐廳。

整理收納斷捨離，體現之琳的婚禮上

與各位分享我的婚禮好了，我的婚禮倒是將「斷捨離」執行得滿徹底的。婚禮當天邀請的賓客只有三十位，不是因為所選擇的場地只能容納三十位，而是先寫下我無論如何都想見到的人，寫完發現剛好三十位，所以我在選擇場地時直接將目標鎖定約三十個座位的餐廳。

再來希望婚禮當天，我和賓客吃進肚子裡的所有食物都是自己想要吃的，而非菜單指定的菜色，所以我的婚禮舉辦在麻辣火鍋店，讓大家自由點餐吃到飽。

因為參加過不少婚禮，也看過許多為了婚禮而產生的一次性布置，帶得走的其實回家後也不知道要收哪裡，帶不走的又價格不斐，於是我花許多時間在找足夠漂亮的場地，最後我選擇的麻辣火鍋餐廳裝潢很有質感，現場使用的餐具和沙發也非常好看。

當天我只帶了一張婚紗照到現場布置，其餘的都是現場本身就有，整個婚禮舉辦下來，不僅沒有花到冤望錢，家人們也覺得很輕鬆愉快，而且我最在意的就是大家有沒有吃得開心？有沒有吃得飽？得到的答案都是肯定的，現在回想自己和小鬍子的婚禮，都還是覺得近乎完美，當然屬於自己的完美，非代表每個人都喜歡這樣的婚禮喔！

餐廳本身的裝潢不差，之前去消費時就覺得這個光線不錯，當下即起心動念和餐廳接洽舉辦婚禮事宜。

餐廳本身提供的餐具都很有質感，不是一般飯店純白的碗盤，這也是吸引我的地方。

🍃 送大家收納盒吧！

由於結婚時，我已經從事整理行
業四、五年，在不少委託人家看過因
為捨不得丟掉精美的喜餅盒，所以將
喜餅盒硬是留下使用的情況，既然大
家這麼喜歡留著做收納。我心想乾脆
直接送大家收納盒吧！

廠商寄了不少收納盒給我參考，唯一這款讓自己
一見鍾情，當下決定要用它當作喜餅盒。

於是主動找廠商聯繫，終於找到符合自己的審美又實用的收納盒，再依照收納
盒的配置在裡面分層擺放手工餅乾與婚禮小物。原先堅持要吃傳統喜餅的親戚看到
我的喜餅都改變心意，直呼這個比較實用！

生活中還有更多可以圍繞著去蕪存菁的方法實踐的事，心中清楚知道自己要的
是什麼，只在乎自己想在意的人事物就好了。

內容物有手工餅乾，還有自己覺得好用的清潔劑組合當作婚禮小物，完全走實用路線。

簡易淨 EASE

寵物居家清潔系列

把植物精華加進清潔劑！與台灣小農合作的清潔品牌

清新防蟲精華液

熱銷上萬瓶，驅蟲只要拖地就好！
清潔超好用，稀釋100倍，拖地擦
拭都適用。
與獸醫師共同研發，敏感寵物家庭
都能安心使用。

無香除菌洗潔液

除菌同時去除惱人異味，輕鬆洗滌碗
盤，人類寵物的需求一次搞定！
好沖洗不殘留，連寵物用品及貓砂盆
都能安心使用。

 簡易淨官網
www.i-ease.com

 簡易淨官方LINE
LINE @easetw

官網獨家

之琳讀者專屬優惠碼
TIDY2023
全台誠品書店、MOMO、蝦皮購物熱銷中

五味八珍的餐桌
品牌故事

60 年前，傅培梅老師在電視上，示範著一道道的美食，引領著全台的家庭主婦們，第二天就能在自己家的餐桌上，端出能滿足全家人味蕾的一餐，可以說是那個時代，很多人對「家」的記憶，對自己「母親味道」的記憶。

程安琪老師，傳承了母親對烹飪教學的熱忱，年近 70 的她，仍然為滿足學生們對照顧家人胃口與讓小孩吃得好的心願，幾乎每天都忙於教學，跟大家分享她的烹飪心得與技巧。

安琪老師認為：烹飪技巧與味道，在烹飪上同樣重要，加上現代人生活忙碌，能花在廚房裡的時間不是很穩定與充分，為了能幫助每個人，都能在短時間端出同時具備美味與健康的食物，從 2020 年起，安琪老師開始投入研發冷凍食品。

也由於現在冷凍科技的發達，能將食物的營養、口感完全保存起來，而且在不用添加任何化學元素情況下，即可將食物保存長達一年，都不會有任何質變，「急速冷凍」可以說是最理想的食物保存方式。

在歷經兩年的時間裡，我們陸續推出了可以用來做菜，也可以簡單拌麵的「鮮拌醬料包」、同時也推出幾種「成菜」，解凍後簡單加熱就可以上桌食用。

我們也嘗試挑選一些熟悉的老店，跟老闆溝通理念，並跟他們一起將一些有特色的菜，製成冷凍食品，方便大家在家裡即可吃到「名店名菜」。

傳遞美味、選材惟好、注重健康，是我們進入食品產業的初心，也是我們的信念。

冷凍醬料做美食

程安琪老師研發的冷凍調理包，讓您在家也能輕鬆做出營養美味的料理。

冷凍醬料的
5 大優點

省調味 × 超方便 × 輕鬆煮 × 多樣化 × 營養好

選用國產天麴豬，符合潔淨標章認證要求，我們在材料和製程方面皆嚴格把關，保證提供令大眾安心的食品。

三友官網

五味八珍的
餐桌官網

五味八珍的
餐桌 FB

程安琪
鮮拌味 FB

程安琪入廚
40 年 FB

五味八珍的
餐桌 LINE @

聯繫客服　電話：02-23771163　傳真：02-23771213

冷凍醬料調理包　　　冷凍家常菜

香菇蕃茄紹子

歷經數小時小火慢熬蕃茄，搭配香菇、洋蔥、豬絞肉，最後拌炒獨家私房蘿蔔乾，堆疊出層層的香氣，讓每一口都衝擊著味蕾。

雪菜肉末

台菜不能少的雪裡紅拌炒豬絞肉，全雞熬煮的雞湯是精華更是秘訣所在，經典又道地的清爽口感，叫人嚐過後欲罷不能。

一品金華雞湯

使用金華火腿（台灣）、豬骨、雞骨熬煮八小時打底的豐富膠質湯頭，再用豬腳、土雞燜燉 2 小時，並加入干貝提升料理的鮮甜與層次。

麻辣紹子

麻與辣的結合，香辣過癮又銷魂，採用頂級大紅袍花椒，搭配多種獨家秘製辣椒配方，雙重美味、一次滿足。

北方炸醬

堅持傳承好味道，鹹甜濃郁的醬香，口口紮實、色澤鮮亮、香氣十足，多種料理皆可加入拌炒，迴盪在舌尖上的味蕾，留香久久。

靠福‧烤麩

一道素食者可食的家常菜，木耳號稱血管清道夫，花菇為菌中之王，綠竹筍含有豐富的纖維質。此菜為一道冷菜，亦可微溫食用。

3種快速解凍法

想吃熱騰騰的餐點，就是這麼簡單

1. 回鍋解凍法
將醬料倒入鍋中，用小火加熱至香氣溢出即可。

2. 熱水加熱法
將冷凍調理包放入熱水中，約 2～3 分鐘即可解凍。

3. 常溫解凍法
將冷凍調理包放入常溫水中，約 5～6 分鐘即可解凍。

私房菜

純手工製作，交期較久，如有需要請聯繫客服
02-23771163

程家大肉

紅燒獅子頭

頂級干貝 XO 醬

誰說一定要整理

It doesn't matter if you don't tidy it up

整理師教你從減量到空間收納，
讓物品好收好拿、生活更輕鬆舒心。

書　　名　誰說一定要整理：
　　　　　整理師教你從減量到空間收納，讓物品好收
　　　　　好拿、生活更輕鬆舒心。
作　　者　于之琳
資深主編　葉菁燕
美編設計　初雨有限公司
插　　畫　角瓜、初雨有限公司
圖片提供　于之琳
（感謝走走家具、DOU Photography 啦嘟嘟工作室，提供部分圖片）

發 行 人　程安琪
總 編 輯　盧美娜
美術編輯　博威廣告
製作設計　國義傳播
發 行 部　侯莉莉
財 務 部　許麗娟
印　　務　許丁財
法律顧問　樸泰國際法律事務所許家華律師

藝文空間　三友藝文複合空間
地　　址　106 台北市大安區安和路二段 213 號 9 樓
電　　話　（02）2377-1163

出 版 者　四塊玉文創有限公司
總 代 理　三友圖書有限公司
地　　址　106 台北市安和路 2 段 213 號 9 樓
電　　話　（02）2377-1163、（02）2377-4155
傳　　真　（02）2377-1213、（02）2377-4355
E - m a i l　service@sanyau.com.tw
郵政劃撥　05844889 三友圖書有限公司

總 經 銷　大和書報圖書股份有限公司
地　　址　新北市新莊區五工五路 2 號
電　　話　（02）8990-2588
傳　　真　（02）2299-7900

初　　版　2023 年 07 月

定　　價　新臺幣 450 元
I S B N　978-626-7096-39-0（平裝）

國家圖書館出版品預行編目(CIP)資料

誰說一定要整理：整理師教你從減量到空間收
納，讓物品好收好拿、生活更輕鬆舒心。
/于之琳作. -- 初版. --
臺北市：四塊玉文創有限公司, 2023.07
　面；　公分
ISBN 978-626-7096-39-0(平裝)

1.CST：家庭佈置　2.CST：空間設計
3.CST：生活指導　4.CST：問題集

422.5022　　　　　　　　　　11200792

三友官網

三友 Line@

http://www.ju-zi.com.tw